Die Kraft der Verbindung

Magali Delgado

Frédéric Pignon

DIE AUTOREN

MAGALI DELGADO

Hineingeboren in eine Reiter-und Pferdezüchterfamilie, saß das quirlige Mädchen schon früh vor ihrer Mutter im Sattel, wenn ihre Eltern auf kleinen Pferdeshows auftraten. Bald musste es ein eigenes Pferd sein und kurz darauf gab sie ihre eigenen Vorstellungen und verzauberte das Publikum. Magali Delgado hat viele Lachgrübchen um ihre grossen dunklen Augen, sie strahlt und verströmt eine positive Energie, die Menschen und Tiere fasziniert.

Ihre dunkle lange Lockenpracht ist ihr Markenzeichen, die sie immer wieder temperamentvoll in den Nacken wirft, während sie spricht. Dieses zierliche Persönchen scheint die Pferde nur mit ihren Gedanken und Gefühlen zu bewegen. Wenn sie ihre Dressurlektionen reitet, wird sie eins mit ihrem Pferd und vergisst alles um sich herum. Ihr Vater Pierrot hat früh das Talent seiner Tochter erkannt und sie bis in die Hohe Schule ausgebildet. Die Erfolge auf vielen internationalen Turnieren bestätigen immer wieder, dass ihr Konzept, basierend auf Verständnis, Früchte trägt.

Heute stellt sie ihre Pferde im Rahmen von großen Showevents, wie der „Equitana" in Essen und dem „Salon du Cheval" in Paris, vor oder insziniert mit ihrem Mann eigene Projekte. Doch ganz besonders wichtig ist ihr, dass die Pferde ebenso Spaß haben können, wie die Reiter.

FRÉDÉRIC PIGNON

Seit seiner Kindheit war Frédéric daran interessiert, die Pferde zu verstehen und sich mit ihnen zu verständigen, ihnen Respekt zu zollen und sie zur Zusammenarbeit zu motivieren. Zunächst hat er damit angefangen, zu voltigieren und kleine Stunts auf dem Pferd zu zeigen. Doch dann ging er seinen ganz eigenen Weg, den der Freiheitsdressur, mit der er weltberühmt wurde. Die Magie zwischen den Hengsten und ihm ist in jeder Vorstellung immer wieder spürbar und berührt die Zuschauer in ihrer Seele.

Über fünf Jahre reisten Frédéric und Magali mit der Pferdeoper „Cavalia" durch Amerika und Europa und eroberten ein Millionenpublikum mit ihrer ganz besonders authentischen Art, die Pferde zu führen und sie zu nichts zu zwingen.

Frédéric und Magali haben früh in ihrem Leben erkannt, dass sie zusammen gehören und dass die Liebe zu den Pferden sie auch mit ihrer gegenseitigen Liebe trägt. Ihr beider Anliegen ist es, durch Sensibilität und Verständnis eine Beziehung zu den Pferden aufzubauen, um eine Harmonie zu schaffen.

Sie leben im Süden Frankreichs mit ihrem Sohn, ihren Pferden und Tieren. Maßgeblich unterstützt werden sie von Magalis Eltern, die Lusitanos züchten und aus deren Herde die meisten Pferde kommen, mit denen die Beiden arbeiten.

GABRIELE BOISELLE

Sie ist eine international bekannte Pferdefotografin, die schon viele Bildbände und Kalender publiziert hat und seit ihrer Kindheit mit Pferden verbunden ist. Ihre sensible fotografische Arbeit ist gepaart mit einer großen Liebe zu den Pferden, einer Passion und leidenschaftlichen Hingabe zu jedem Lebewesen, das sie vor die Kamera bekommt. Sie besitzt die Fähigkeit, die Seele der Pferde zu erkennen und dieses Gefühl in Bildern umsetzen zu können; dafür nimmt sie jede Strapaze auf sich und ruht nicht eher, bis es ihr gelungen ist. Ihre Arbeit ist von Poesie durchdrungen, aber auch kraftvoll und dynamisch, mit ihren Fotos spricht sie jedem Pferdeliebhaber aus der Seele.

Ihr Büro, die Edition Boiselle ist in Speyer am Rhein angesiedelt, in der gleichen Scheune, in der die Arbeitspferde ihres Grossvaters standen. Sie besitzt selbst einige Pferde, die in vierter Generation bei ihr geboren wurden und zur Familie gehören.

AGNÈS GALLETIER

Auch Agnès hat die Liebe zu den Pferde seit ihrer frühesten Jugend nicht mehr losgelassen. Obwohl sie als Journalistin und Autorin meistens ganz andere Themen ins Visier nehmen musste, sind die Pferden immer mehr zum zentralen Angelpunkt ihres Lebens geworden.

In Geschichten, Büchern und Dokumentationen, die über die Jahre entstanden sind, ist sie immer mehr in das Thema hineingewachsen. Ihre wichtigste Motivation, ihr Anliegen ist es, jedermann die liebevolle Verständigung mit den Pferden näher zu bringen – es geht um das subtile und feine Zusammenspiel von Mensch und Pferd. Das ist ihr zentrales Thema in den vielen Büchern, die sie bereits veröffentlicht hat.

Agnès lebt und arbeitet in Südfrankreich in der Nähe von Pau und besitzt selbst Pferde, unter anderem Balthazar ihren inzwischen 22 Jahre alten Berber.

SUMMARY

Wenn man die Biografien der vier verschiedenen Autoren hier zusammen fasst, so wird es sehr deutlich, was diese unterschiedlichen Menschen dazu gebracht hat, dieses Buch zu machen. Es ist ihre Liebe zu den Pferden und es ist ihr Anliegen, anderen Menschen die Sprache der Pferde und ihr Verhalten verständlich zu machen – in Bildern und in Worten.

Agnès Galletier hat es geschafft, die richtigen Fragen zu stellen, um den Schatz an intuitivem Wissen bei Pferdeleuten wie Magali und Frédéric in Worten ans Licht zu bringen. Gabriele Boiselle hat den non-verbalen Rahmen mit ihren privaten und einfühlsamen Bildern geschaffen. Alles zusammen wohl eine gelungene Kooperation.

Der Dank gilt auch der Verlegerin Isabella Sonntag, die mit diesem Buch die Bühne geschaffen hat, damit die Gefühle, Ideen, Bilder an die Öffentlichkeit getragen werden können.

Danke

Schon viele Jahre lang ist die Fotografin Gabriele Boiselle ein lieber Gast in unserem Hause in der Provence und besucht uns auch bei vielen Showauftritten. Über die Jahre hinweg sind ganz besonders emotionale Fotos entstanden, die sowohl unsere Arbeit, als auch unser Leben mit den Pferden zeigen. Gabriele ist eine Künstlerin, deren Sensibilität und Talent wir schätzen. Sie schafft es, in ihren Bildern, die wahre Persönlichkeit eines Pferdes festzuhalten und auch die Verbindung zwischen Mensch und Pferd einzufangen. Seit langem hatten wir die Idee, aus ihren Bildern ein sehr emotionales Bilderbuch zu schaffen, in dem wir auch unsere ganz besonderes Beziehung zu unseren Pferden darstellen wollten.

Doch wer könnte die treffenden Worte für diese wunderbaren Fotos finden? Die Bekanntschaft mit Agnès war ganz entscheidend. Nach einem guten Gespräch während eines Abendessens bei den Delgados hatten wir keinen Zweifel mehr: Agnès würde – mit einfachen und präzisen Worten – unsere langen Gespräche über unsere gemeinsame Pferdeleidenschaft hervorragend wiedergeben. Sie verstand, worum es uns geht, außerdem hat Agnès sich mit viel Feingefühl in unser Leben eingefügt.

Durch ihre Texte in Verbindung mit den Fotos von Gabriele entsteht für den Leser ein lebendiges Bild von unserem Stall, dem Ort unserer Kreativität, in dem die einzelnen Nummern der Shows entstehen, aber auch von den Ruheoasen, in denen die Freundschaft zu unseren Pferden wächst und sich entfaltet. Das Resultat dieser erfüllenden Begegnungen ist dieses Buch, das Sie gerade in den Händen halten. Sie bekommen darin einen kleinen Einblick in unser Leben und unsere Erfahrungen. Wir hoffen, Ihnen damit Freude zu bereiten und Sie zu inspirieren, die Beziehung zu Ihrem Pferd neu zu entdecken, damit sich die außergewöhnliche Kraft der Verbindung entfalten kann.

Herzlich

Magali und Frédéric

INHALT

AGNÈS GALLETIER ...

… IM GESPRÄCH MIT MAGALI UND FRÉDÉRIC

*Versunken ineinander!
Frédéric vergräbt sein Gesicht in der gewaltigen Mähne des Hengstes. Ein Moment der Nähe und des Eins-Seins miteinander.*

Frédéric lauscht den Atemzügen von Templado, atmet seinen Geruch ein, spürt das Schlagen seines Herzens gegen seine Brust, seinen Puls unter den Fingern und verschmilzt mit ihm.

GABRIELE BOISELLE

Meine erste Begegnung mit Frédéric Pignon war keine Absicht, sondern eine Fügung des Schicksals.

Als ich auf dem „Salon du Cheval" in Paris auf dem Weg zu einer Präsentation meiner neuen Kalenderkollektion war und eilig um eine Ecke hastete, wäre ich fast mit einem Pferd zusammengestoßen. Wie eine Erscheinung stand der schneeweiße Hengst „Templado" vor mir – frei ohne Halfter mit seiner endlos langen Mähne, die fast bis zum Boden reichte. Er schaute mich überrascht an, aber überhaupt nicht erschreckt. Ich stand wie angewurzelt und blickte nur einen Moment in seine großen, dunklen Augen, und alles was ich gerade gedacht hatte, verschwand schlagartig. Sein Charisma, seine Aura, was es auch war, es durchflutete mich wie ein wärmender elektrischer Strom. Es klingt vielleicht etwas dramatisch, doch er erschien mir wie ein weißer Engel, dessen Schwingen meine Seele berührten und nicht mehr los ließen. Dann bemerkte ich auch Frédéric Pignon, der auf der anderen Seite

des Pferdes ging und wie selbstverständlich seinen Weg mit Templado fortsetzte. Er ging mitten durch die Menschenmenge hindurch, so selbstverständlich, als würde ein unsichtbares Band Pferd und Mensch verbinden, das alle Stricke und Fesseln der Welt überflüssig macht.
Ohne nachzudenken folgte ich den Beiden. Glücklicherweise hatten sie den gleichen Weg wie ich. „Templado" war zur Signierung des neuen Buches über ihn eingeladen, genau dort, wo ich auch meine Kalender vorstellen sollte. Wie hypnotisiert beobachtete ich die beiden Seelenverwandten, die auf einer anderen Ebene miteinander zu kommunizieren schienen und ihren Spaß hatten. „Templado" setzte seinen mit Tinte getuschten Huf auf die erste Seite eines Buches und Frédéric signierte das Buch mit seinem Namen. Der Schimmelhengst bewegte sich vorsichtig zwischen den Buchtischen und Ständern und nahm die Bewunderung der Gäste sehr souverän entgegen, er genoss die Aufmerksamkeit und die Zweisamkeit mit Frédéric sichtlich.
Die Erinnerung an „Templado" ließ mich nicht mehr los. Doch der Zeitpunkt, Frédéric Pignon und Magali Delgado kennen zu lernen, schien sich nicht so schnell zu ergeben. Sie bereiteten gerade ihre Abreise mit all ihren Pferden in die USA vor, um dort eine Pferdeshow aufzubauen. Außerdem wollten sie in der letzten Woche vor der Abreise noch heiraten, natürlich auf dem Rücken ihrer Pferde.

Doch wie die Beiden sind, fanden sie noch eine kleine Zeitlücke, und ich durfte sie alle zusammen kennen lernen: die Menschen und die Pferde. Das Wetter war schlecht, die Zeit kurz, alles nicht gerade ideal für eine Fotografin. Doch es entstanden, damals noch auf analogem Diafilm, einige Bilder von Templado, Magali und Frédéric, die für mich heute eine große Bedeutung besitzen. Obwohl wir uns damals noch gar nicht recht kannten, war sofort eine nonverbale Verbundenheit da, und die Beiden öffneten ihre Herzen. Die Schönheit ihrer Liebe zu den Pferden, die sie ausstrahlten, und auch ihre Liebe zueinander ist für immer in meiner Seele niedergeschrieben. Als Fotograf wünschte ich mir, mit meinen Bildern diese Chemie einfangen zu können, doch es gelang mir bei weiten nicht in dem Maße, wie ich es in diesem Moment empfinden konnte.
Inzwischen haben zehntausende von Menschen Magali und Frédéric, Templado, Dao und all die anderen Pferde in vielen Vorstellungen in Amerika und Europa erleben dürfen. Jedes Mal, wenn sie zusammen in das Rampenlicht der Zirkusmanege treten, passiert etwas Besonderes, jedes Mal scheint sich erneut ein kleines Wunder zu volllziehen. Alle dürfen miterleben, dass das Miteinander von Pferd und Mensch nicht nur aus mechanischer Dressur besteht, sondern auf Herzensarbeit basiert, auf der Verbundenheit der Seelen, auf dem Verstehen und der Liebe, auf Respekt und Demut. Frédéric und Magali arbeiten nicht mir ihren Pferden, sie zelebrieren ihr Leben mit den Pferden. Dazu gehören die traumhaften Momente in der Gloriole des magischen Zirkuslichtes und die privaten Momente Zuhause, die tägliche Stallarbeit wie das Ausmisten und Füttern. Alles ist in Allem inbegriffen.
Das erfuhr ich schon bei unserer ersten Begegnung. Doch ich hatte auch Bedenken, was das Showbusiness mit ihnen anrichten würde. Wohl wissend, wie dies in den USA abläuft, befiel mich die Furcht, sie könnten diese Reinheit und Klarheit, die sie ausstrahlen und auf der ihre Verbindung mit den Pferden basiert, einbüßen. Tägliche Vorstellungen, der immense Zeitdruck und die Erwartungshaltungen würden ihren Tribut fordern, das war mir schmerzlich bewusst. Wie würden Sie damit klar kommen?

Bei unserer ersten Begegnung genoss ich jeden Augenblick in dieser wunderbaren Welt, in der sie lebten: es war wie auf einer zeitlosen Insel. Erst als ich im Auto saß, wachte ich wieder auf und all die dummen Gedanken beschlichen mich, aber auch die Hoffnung, dass sie dies würden meistern können.

Die Pferdeshow „Cavalia" wurde ein unglaublicher Erfolg in Amerika. „Templado" war der Superstar unter den Pferden! Das kleine dominante Fohlen, das Frédéric schon auf der Weide der Familie Delgado bei seiner Mutter als eine außergewöhnliche Persönlichkeit entdeckt hatte, wurde sein Lehrmeister, sein Seelenverwandter. Er war ein Geschenk Gottes, welches das Leben von Frédéric und Magali wie ein Stern leitete. Doch da waren auch die anderen Pferde, alles Brüder und Verwandte von „Templado" aus der Delgado Herde. Magalis Eltern haben über die Jahrzehnte hinweg eine ganz außergewöhnliche Lusitano-Zucht aufgebaut, deren Pferde praktisch als Familienmitglieder aufwuchsen, die Vertrauen und Verständnis für ihre Menschen sozusagen schon genetisch mitbrachten. Jetzt zahlte sich diese Investition aus, sie zeigten ihre innere und äußere Schönheit in einer sowohl künstlerischen als auch emotionalen Darbietung auf höchstem zirzensischen Niveau: spielerisch, leicht und schön! Die Menschen saßen da und weinten, wenn sie Frédéric und „Templado" bei ihrem Spiel zuschauten. Sein „Pas de Trois" mit drei überirdisch schönen Schimmelhengsten, deren Mähnen sich ineinander verwoben, rührten die Herzen aller, die sie sahen. Jeder Mensch, der jemals mit Pferden zu tun hatte, wusste, dass er sich im Grunde seiner Seele nach einer solchen Beziehung zu seinem eigenen Pferd sehnte. Man weiß es, man spürt es, von Zeit zu Zeit in einem Bruchteil einer Sekunde, doch man hatte es noch nie wirklich gesehen. Frédéric und „Templado" und Magali mit „Dao" haben allen Menschen, die sie erleben durften, eine Vision in ihr Herz gepflanzt. Die Vision von einem gewaltfreien und harmonischen, seelenverwandten Umgang von Mensch und Pferd. Ich habe in meinem ganzen Leben, bei all den professionellen Lehrern und Reitern, nie mehr die Innigkeit und Hingabe erlebt, wie sie bei Magali, Frédéric und ihren Pferden zu spüren ist.

Vielleicht mag dies Einigen übertrieben vorkommen. Denen, die die Beiden schon einmal erlebt haben wohl nicht, sie werden mir Recht geben. Natürlich blieb es nicht bei einer einzigen Begegnung. In Boston, Seattle und Los Angeles habe ich sie auf ihrer Tournee besucht. Wir haben oft lange geredet, und meine Vorahnungen wurden teilweise bestätigt: Sie wurden von den ganz reichen und berühmten Menschen umworben, mussten sich oft entscheiden, was für sie und ihre Pferde gut ist und was nicht. Doch sie trafen auch auf tolle Pferdemenschen, die ihre Lehrer wurden.

Es dauerte noch einige Zeit, bis Cavalia dann nach Europa kam und ich sie nach ihrer letzten Vorstellung in Lissabon auf dem Pferdefest von Golega traf. Sie waren überglücklich, wieder nach Hause in die Provence zurückkehren zu können. Beide freuten sich auf die Auszeit, freuten sich darauf, wieder mit den Eltern Delgado durch die Herde streifen zu können und neue Talente zu entdecken. Und sie hatten das Unwahrscheinliche geschafft, sie hatten ihre Seelen gerettet, sie nicht verkauft und sich nicht zerstören lassen. Doch dies ist auch der Verdienst ihrer großen Liebe zueinander, die sie befähigt, sich selbst treu zu bleiben. Sie haben mit nichts angefangen, im Winter in einer unbeheizten Hütte gelebt, und nur ihr Glaube an ihre Liebe und die Pferde haben sie weiter machen lassen.

Als ich die Beiden nach ihrer Rückkehr aus USA wieder besuchte, genau in dem gleichen kleinen Häuschen, mit genau den gleichen Boxen, schien sich nichts verändert zu haben, zumindest sah es auf den ersten Blick nicht so aus. Doch wir drei wussten, was dazwischen lag – wie viel Arbeit, wie viel Kraft und Liebe. Und noch etwas war anders: „Templado“ war inzwischen auf die große Weide in den Himmel galoppiert. Als ich Frédéric damals als Geschenk ein großes Bild von ihm und „Templado“ auf Leinwand überreichte, drehte er sich um und versuchte seine Tränen zu verbergen. So tief schmerzt ihn noch heute der Verlust seines Seelengefährten. Doch „Templado“ lebt in seinen Kindern, Enkeln und in seiner Familie weiter und im Herzen von Frédéric, denn ich glaube es vergeht kein Tag, an dem er nicht mit ihm spricht.

Ich erzähle hier immer nur von „Templado“. Magali erlebte zu ihrem Lusitanohengst „Dao“ eine ebenso starke Bindung,. Es bestand eine magische Anziehungskraft von beiden Seiten, die sie zusammen geschweißt hat. „Dao“ wäre für Magali durchs Feuer gegangen. Sie ritt ihn ohne Sattel und Zaumzeug in der hohen Schule. Auf der Equitana in Essen gewannen die Beiden den großen Dressurpreis, in Konkurrenz zu den besten Reitern der Welt, natürlich mit Sattel und auf Kandare und Magali im Frack und mit Zylinder. Doch was war es eine Freude, die Beiden die gleiche Kür ohne alles störende Lederzeug reiten zu sehen. Dies tat Magali dann auch in der großen Hoptop-Show am Abend, und die anderen Dressurreiter konnten nicht glauben, was sie sahen. Die Richter beglückwünschten sie zu einem Ausnahmepferd, sie sollte gut auf ihn aufpassen, ihn vorsichtig trainieren und auch bandagieren. Magali lachte darüber, immer wenn sie es erzählte und sagte zu mir: „Weißt Du, was ich mache, wenn ich mit Dao nach Hause komme? Vor dem Stall öffne ich die Rampe des Anhängers und dann lasse ihn frei und er saust im vollen Galopp über die Weide mit den Gräben und Kaninchenlöchern, und er buckelt und quietscht vor Freude. Wenn ich das nicht tun würde und er sich nicht frei und wohl fühlen dürfte, dann würde er für mich auch nicht mehr im Viereck brillieren.“ Als „Dao“ alt wurde, teilte er bis zum letzten Tag das Leben von Magali und Frédéric und ihrem Sohn Noah. Er lief, genau wie „Bandolero“, neben dem Kinderwagen her, schaute hinein, Magali hatte ihren Raben auf der Schulter, und die vier spazierten über die Wiese. „Dao“ schien auf sie aufpassen zu wollen, kein Halfter und kein Strick wurden ihm mehr angelegt, er war frei – auch frei zu gehen, als seine Zeit gekommen war.

Es ist eine große Herausforderung, die Pferde, mit denen man so intensiv gelebt hat, würdevoll gehen zu lassen. Und jedes Pferd hinterlässt eine Lücke, die kein anderes füllen kann. Eine Liebe ist nicht durch eine andere zu ersetzen.

Zu Frédéric und Magali nach Hause zu kommen, in den Stall zu gehen, zusammen zu essen und zu reden, ist immer wieder Balsam für meine Seele. Inzwischen sind mir Magalis Eltern Joëlle und Jean-Pierrot (JP-genant) und ihre Schwester Estelle genauso ans Herz gewachsen. Wenn man diese besonderen Menschen und ihre Pferde alle kennt, dann begreift man, dass die Magie, die sie umgibt von ihrer Herzensaura kommt und ein wichtiger Bestandteil ihres Familiengefühls ist. Doch das tägliche Leben im Stall Delgado ist harte Arbeit; wenn man JP´s Handschlag spürt, dann fühlt man auch die Schwielen und die Sehnen der Hand, die ein Leben lang gemistet hat, und auch die Zügel und Longen, die in dieser Hand gelegen haben. Frédéric und Magali sind ihr ganzes Leben lang daran gewöhnt, körperlich intensiv zu arbeiten, sitzen viele Stunden am Tag im Sattel oder arbeiten mit den Pferde vom Boden aus. Ihre Bewegungen und ihr Körperausdruck ist so verschieden zu den meisten Menschen. Auch die Pferde spüren das. Sehr klar sieht man dies, wenn sie sich mit den Fohlen in der Herde beschäftigen. Sie bewegen sich zwischen den Pferden so natürlich, dass sie von der Herde wie Mitglieder auch akzeptiert werden, und sie haben immer die Zeit, mit ihren Pferden zu sprechen. Nur so erreichen sie die Intensität der Beziehung, die dann Früchte trägt. Es gibt keine Zauberformel, kein noch so erfolgreicher Pferdeflüsterer hat sie. Was ausschlaggebend ist, das sind der Wille und die Bereitschaft sich auf die Pferde einzulassen und … Zeit.

Bei all den Bildern, die ich Zuhause oder bei den Shows gemacht habe, fühlte ich immer das Besondere, das von Frédéric und Magali und den Pferden ausging. Immer wieder habe ich mich gefragt, gelingt es mir, nicht nur das, was ich sehe, sondern auch das, was ich fühle in den Bildern auszudrücken? Im ersten Buch „Achtung, Respekt, Würde" erzählen die Beiden ihre Geschichte und sprechen auch über ihre Philosophie und Lebenserfahrung. Ich habe mir immer wieder gewünscht, ein Buch machen zu können, in dem es mehr über ihre Gefühle zu den Pferden und die Liebe geht, die sie geben und empfangen. Daher wurde für dieses Buch die Frage und Antwort Form gewählt, in dem die Beiden frei erzählen können, spontan und intuitiv. Da man das nur in seiner Muttersprache kann, fragte ich meine Freundin Agnès Galletier, ob sie mir helfen könnte. Bei einem ersten Besuch stellte sich sehr schnell heraus, dass die Chemie zwischen den drei Franzosen stimmte und Agnès fast umgehend zu einer Herzensfreundin der Beiden wurde. Ich konnte mich entspannt zurücklehnen und beobachten, wie schnell und intensiv die Kommunikation stattfand und auf den Punkt kam.
Das hatte ich auch nicht anders erwartet, denn Agnès und ich haben schon viele Projekte, ob Reisen oder Bücher miteinander gemacht. Ich schätze ihre Pferdeliebe, ihre Pferdekenntnis, ihre Spiritualität und die Virtuosität ihrer Sprache. Sie war Fernsehjournalistin und jahrelang Chefredakteurin der französischen Pferdezeitschrift „Cheval Magazin" und somit die ideale Partnerin für unser Buchprojekt.

Doch es gibt noch jemanden, den ich in diesem Zusammenhang vorstellen möchte. Sie hat Frédéric und Magali mit ihrem unglaublichen Pferdewissen geholfen und ihre bekannten „TTouches" und andere Methoden wurden von Frédéric in seinen täglichen Umgang mit den Pferden übernommen. Frédéric sagt immer wieder, dass sie ihm neue Wege und Bilder gezeigt hat: Die Rede ist von Linda Tellington-Jones! Seit langer Zeit sind wir Seelenverwandte, wir haben gemeinsam Bücher fotografiert und reisten viel zusammen in arabische Länder, nach Syrien und Jordanien. Sie ist eine Persönlichkeit, die ich restlos bewundere, für ihren rastlosen Einsatz zum Besten von Mensch und Tier. Ihre Methode des TTouches ist ein Geschenk des Himmels für alle Wesen auf dieser Erde. Seit über 60 Jahren ist sie unterwegs, um zu helfen, und nicht selten fanden wir uns bei unseren gemeinsamen Reisen um Mitternacht, nach einer Einladung zum Essen, im Stall wieder, wenn sie dann doch noch ein Problempferd behandeln wollte. Eigentlich haben sich Frédéric, Magali und Linda angezogen wie Magnete. Ich war nur der Vermittler zwischen den Dreien, denn ich wusste einfach, ich musste sie zusammenbringen. Dies geschah dann auch noch kurzfristig vor ihrer Abreise in die USA, und seitdem sind sie in engster Verbindung und machen auch Seminare miteinander.
In der ersten Nacht ihres Kennenlernens wollten wir alle fast nicht schlafen gehen und wir haben bis in die Morgenstunden geredet und geredet … wo endeten wir wieder? Natürlich im Stall bei den Pferden! Frédéric sagte mir einmal: „ Immer tauchte Linda, auch während unserer Tourneen, zu genau dem Zeitpunkt auf, wo ich sie am dringlichsten brauchte." Wenn das nicht viel mehr über ihre innere Kommunikation aussagt, als alles andere.

Jetzt haben Sie ein wenig den Hintergrund zu diesem Buch kennen gelernt und haben erfahren, warum es in dieser Form vor Ihnen liegt. Doch ich kann hier nicht enden, denn es ist mir ein tiefes Bedürfnis, mich zu bedanken. Vorab natürlich bei Frédéric und Magali, die mir ihre Herzen und die Türen zu ihrer Welt geöffnet haben. Sie haben mit Geduld und Humor alle meine fotografischen Ideen unterstützt und wenn möglich verwirklicht. Mein Dank auch an Joëlle und Jean-Pierrot und Delgado, die mich in die Familie aufgenommen und beherbergt haben, auf materieller und spiritueller Ebene. Dank an Agnès, für ihre Textarbeit und ihre Bemühungen die Beiden immer wieder zu erreichen und den Text zu vervollständigen. Meinen Dank auch an Isabella Sonntag für die Geduld an diesem Buch, das doch drei Jahre an Vorbereitung gekostet hat.

Darüber hinaus sollten wir uns alle bei Frédéric Pignon und Magali Delgado bedanken, dass sie uns immer wieder zeigen, wie tief man mit seinen Pferden verbunden sein kann. Sie erinnern uns, dass in diesem Universum alle miteinander verbunden sind in Freude und mit Demut und mit dem Glauben an die gemeinsame Ebene unser aller Seelen. Sie und ihre Pferde berühren unsere Herzen zutiefst und bringen das Gute im Menschen hervor.

Gabriele Boiselle

Magalí und Frédéric haben sich mitten in der Wiese niedergelassen, mitten in der Herde, zu der sie selbstverständlich dazu gehören.

Es gibt keine Grenzen zwischen Pferd und Mensch. Sie spüren, fühlen und bewegen sich wie ein Teil vom Ganzen und die Pferde respektieren sie.

AGNÈS GALLETIER

Begegnung mit einer anderen Welt ...

Es gibt Bilder, die man nicht vergisst, weil sie authentisch sind und die Seele berühren. So ging es mir mit Frédéric Pignon. Auf dem Foto, das sich in mein Gedächnis eingebrannt hat, sieht man einen schmalen, großen Mann mit langen Haaren neben einem wunderschönen weißen Hengst laufen, dessen Mähne bis zur Erde reicht. Ein anderes Bild, das mir in Erinnerung blieb, zeigt eine junge, dunkelhaarige Frau mit langer Lockenpracht. Sie trägt ein buntes Rüschenkleid und reitet, leicht wie eine Feder auf einen feurigen Lusitanohengst. Heute weiß ich, dass die Beiden zusammengehören, es sind Magali Delgado und Frédéric Pignon.

Ende der 90er-Jahre, als ich meine professionelle Tätigkeit als Journalistin in der Pferdewelt begann, kannte ich nur die Namen Pignon und Delgado. Das Paar arbeitete damals an einer Show mit dem Namen „Dancing Horses“ in der Dominikanischen Republik. Hier in Europa zog vor allem Jean-François Pignon, der Bruder von Frédéric, die Aufmerksamkeit des Publikums auf sich. Seine exzellente Freiheitsdressur mit mehreren Pferden, begeisterte ein breites Publikum. Die Menschen waren wie verzaubert von seiner magischen

Beziehung zu den Pferden, die sich durch Freude und Vertrautheit auszeichnet. Die beiden Brüder hatten lange, von frühester Kindheit an, miteinander gearbeitet und ihre Fähigkeiten im Umgang mit Pferden zusammen entdeckt.
Frédériceric Pignon und Magali Delgado spielten eine führende Rolle in der amerikanischen Pferdeshow „Cavalia" und hatten in den USA über Jahre hinweg einen unglaublichen Erfolg. Doch als die Aufführung nach Europa kam, waren die Menschen auch von Stockholm bis Madrid und von Berlin bis Lissabon ebenfalls begeistert. Die Beiden transformierten mit ihren berühmten Aufführungen, bei denen ihnen Mittel großer Produktionen zur Verfügung standen, die Pferdeshow zu einer Kunstform, in der Liveorchester, Lichtoper und Dekoration den Rahmen für eine einzigartige Präsentation von fast übernatürlich schön wirkenden Pferden bildeten, die in Freiheit mit dem Menschen durch einen Raum galoppierten, als würden sie schweben und sich im nächsten Moment auflösen. Das Gesamtkunstwerk mit Artisten und Akrobaten, Stuntreitern und vielen Pferden war eine Revolution, die Türen zu ganz neuen Dimensionen der Vorstellung eröffnete. Menschen fühletn sich zutiefst berührt und bewegt, denn alle spürten das Band der Liebe, das die Pferde und die Menschen vereinte.

Erst viele Jahre später sollte ich die Freude haben, Magalis und Frédérics Bekanntschaft zu machen. Gabriele Boiselle, unsere gemeinsame Freundin und bekannte Pferde-Fotografin fragte mich, ob ich Lust hätte ein Buchprojekt mit den Dreien zu realisieren und den Text zu schreiben zu den Bildern, die sie über die Jahre hinweg gemacht hatte. Es sind Bilder voller zärtlichen Bewunderung, warme, emotinale Bilder, die Frédéric und Magali sowohl zuhause, als auch bei ihren Auftritten zeigten. Das Buch sollte von der magischen Beziehung zwischen Menschen & Pferden handeln, von der Liebe und der „Kraft der Verbindung".

Als ich im Frühjahr 2009 nach Monteux in der Provence fuhr, wo sich die familiäre Pferdezucht der Delgados befindet, hatte ich keine Ahnung, was mich erwartete. Ich war ganz bestimmt nicht darauf gefasst, einige der tiefgreifensten Gespräche meines Lebens über Pferde zu führen. Ich wusste noch nicht, dass sich hinter den Mauern dieses alten Bauernhofs, der gerade renoviert wurde, ein ganz anderes Erfolgsgeheimnis verbarg, das nichts mit vergänglichem Ruhm und kurzlebigen Publikumserfolgen zu tun hat. Mir war noch nicht klar, was es Alles in mir bewegen würde. An diesem windigen Ort, der vom Mistral gebeutelt wurde, an dem wackelige Stühle um einen rustikalen Holztisch standen, unter einem Vordach aus alten Ziegeln began ich zu verstehen, dass ich mich in einer Welt befand, in der jede Geste wichtig genommen wird. Jedes Wort, das an die Pferde gerichtet wird und an die Menschen, hat einen tieferen Sinn und kommt von Herzen. Nach der liebenswerten Begrüßung durch Joëlle und Jean-Pierrot Delgado, den Eltern von Magali, die uns an diesem Abend empfingen, gesellten sich auch die Schwester Estelle und natürlich Frédéric zu uns. Es wurde gegrillt und wir genossen den schönen provencialischen Abend, während die Grillen im Hintergrund geheimnisvoll zirpten.

Es war leicht mit Frédéric ins Gespräch zu kommen. Gabriele hat uns einander vorgestellt und schon vorab den Weg zueinander geebnet. Ich erwartete, dass er mir von den Inszenierungen seiner Shows, seinen Reisen und Projekten nach Cavalia berichten würde. Dem war aber nicht so. Frédéric erzählte mir von dem Verlust seines Freundes „Templado", mit dem er die letzten zehn Jahre seines Lebens eng zusammen gearbeitet hatte. Er berichtete von der schwierigen Anfangszeit, der späteren Freude und Vertrautheit mit diesem aussergewöhnlichen Pferd. Dann sprach er eindringlich über die Qualität der intuitiven Kommunikation und die tiefe Liebe, die sie verband. Doch er erzählte auch über den Schmerz des Verlustes und über die große Leere, die sich nach seinem Tod in ihm ausbreitete. Frédéric war unglaublich weich, offenbarte seine Gefühle und Überzeugungen und auch seine Zweifel. Gleichzeitig spürt man eine gewisse Scheu, gepaart mit einer tiefen Sensibilität. Er erzählte die Geschichte eines Mannes und seines Pferdes, die gemeinsam einen langen Weg gegangen waren, der oftmals mit vielen Schwierigkeiten gepflastert war.
Ich spürte, dass sein Schicksal vollkommen von den Pferden geprägt wurde, sie ihn leiteten. Jeder seiner Schritte schien von seinem besonderen moralischen Wertesystem beeinflusst zu werden und von grosser Spiritualität und Glauben geprägt zu sein. Es wurde mir schlagartig bewusst, dass dieser Mann, der mit seinen Pferden schon in der ganzen Welt unterwegs gewesen war, versuchte immer aufrecht, ehrlich und liebevoll mit ihnen umzugehen, denn sie bilden seine Familie.

In unserer ersten Begegnung drückte er all das aus, was ich in den letzten Jahren in meiner beruflichen und privaten Arbeit mit Pferden nur erahnt hatte, aber was mich gleichzeitig die letzten zehn Jahre zum Schreiben motiviert hatte: die wunderbare Rolle, die das Pferd im Leben der Menschen spielt. Was ich fühlte war, dass das Pferd dem Menschen einen Weg in die Zukunft zeigt, es ihm ermöglicht seine besten Seiten zu leben und glücklich zu werden.

Ich kann mich weder daran erinnern, was wir an diesem Abend gegessen haben, noch was der Inhalt der lustigen Gespräche um uns herum war. Ich weiß jedoch noch, dass ich von Mal zu Mal, nach jedem Satz, den Frédéric sprach, genau das von diesem zutiefst aufrichtigen Pferdemenschen zu hören bekam, wovon ich schon seit Jahren träumte. Alles, was er mir über seine Gefühle, Zweifel, Wirren und Freuden bezüglich der Mensch-Pferd-Beziehung erzählte, sprach mir voll und ganz aus dem Herzen. Endlich konnte ich in einem Gespräch ganz offen sagen, was ich gewöhnlich nur mit Vorsicht und unter Vorbehalt erzählte, weil ich Angst hatte, missverstanden zu werden.
Am nächsten Tag, nach unserer ersten Nacht in dem gemütlichen Gästehaus der Delgados, dessen Wände mit den wundervollen Gemälden von Frédéric geschmückt waren, wollten wir uns im Stall von Frédéric und Magali treffen, dort, wo sie leben und ihre Pferde arbeiten.

Doch statt einem stattlichen provencialischen Anwesen, wie ich es erwartet hätte, kamen wir zu einem bescheidenen Stallkomplex, der um einen Innenhof angelegt war, dahinter ein Sandplatz fürs Training und drum herum einige Koppeln. Im offnen Eingangsbereich stand ein großer Tisch, der den Mittelpunkt der Geselligkeit bildete, hier wird gegessen, diskutiert und gelacht.

Machmal kommen auch die Pferde dazu. Dann begrüsste mich Magali herzlich und lud mich zum Kaffee ein. Ich folgte ihr in den kleinen Salon mit einer offenen Küche, das war ihr Zuhause. Weder eine Tür noch ein Gang schien zu anderen Zimmer zu führen. In diesem Augenblick erschien Frédéric und erklärte mir, dass sie vier Boxen für sich umgebaut hätten: zwei davon sind Küche und Wohnzimmer und zwei andere Schlaf- und Badezimmer. Auf der anderen Seite des Eingansbereichs, der zum Open-Air Esszimmer wurde, befinden sich weitere Boxen. Alles dreht sich um die Pferde. Als wir sie dann begrüssen wollten und in die Stallungen traten, kam uns ein vielfältiges Wiehern entgegen. Alle die grossen Stars ihrer Shows waren da: Die Hengste „Fasto", „Bandolero", „Grazil", der Kupfer glänzende „Mandarin", der sich unter den kraulenden Händen von Magali voller Vergnügen streckte. Der Friese „Phébus" polterte mit dem Huf gegen seine Boxentür, um Frédérics Aufmerksamkeit auf sich zu ziehen. Gewiss, sie waren alle wunderschön mit ihrem glänzenden Fell, der kräftigen Muskulatur, den mächtigen Hälsen und den gewaltigen Mähnen, aber das war nicht das Wesentliche. Dieser Stall strahlte eine solche Ruhe und Harmonie aus, die ich nirgends vorher in dieser Form jemals woanders empfunden hatte. Eine freudige Erregung hatte die Pferde erfasst, als sie Frédéric und Magalie sahen. Sie schauten offen und neugierig auf die Besucher, versuchten hie und da Kontakt aufzunehmen mit einem kleinen Stups oder berührten leicht den ihnen hingestreckten Handrücken. Freundlich und offen waren sie bereit einen neuen Tag mit „ihren" Menschen zu beginnen.

Mir wurde zutiefst bewusst, dass Frédéric und Magali hier zu hundert Prozent und von ganzem Herzen zuhause waren. An diesem Ort gibt es keine Grenzen zwischen Mensch und Tier, Arbeit und Privatleben, Tag und Nacht, Innen und Aussen. Auch wenn Magali kocht, hatte sie immer ein Ohr bei ihren „Kindern", und weiss sozusagen, wer wo gerade Unfug macht. Mitten in der Nacht springen sie aus dem Bett und gehen barfuß in den Stall, weil ihnen etwas seltsam vorkommt. Bei ihnen bedeutet wohnen: „mit unseren Pferden unter einem Dach zu leben" ohne dabei die Hunde, Katzen und Vögel zu vergessen, die sich in allen Ecken und Winkeln dieser provenzialischen Arche Noah befinden. Über dieser von der Außenwelt losgelösten Oase liegt ein Hauch von Frieden und Glück, den man schlecht beschreiben kann. Alle Tiere haben ihren Platz und sind zufrieden, fühlen sich beschützt und respektiert. Und dies macht wiederum Frédéric und Magali glücklich. Sie sind in meinen Augen einige der wenigen Menschen, die in wirklicher Harmonie mit sich selbst leben. Sie besitzen beide eine übersprühende Lebensfreude und eine außergewöhnliche Fähigkeit, mit sich selbst, den Pferden und den Menschen, die sie umgeben immer wieder diese Harmonie herzustellen. Auch in ihrer Welt gibt es Probleme und Herausforderungen, doch es kommt darauf an, wie man sie löst.

Nun ist es für mich nicht mehr verwunderlich, dass die Auftritte von Magali Delgado und Frédéric Pignon mit ihren Pferden, so viele Menschen auf magisch Weise inspirieren. Es ist, als würden sich die Zuschauer, die in ihren Bann gezogen werden, an ihnen wie an einer sprudelden Quelle laben. Die Beiden tun einfach gut. Nicht nur die Pferde folgen ihnen und möchten den Kopf auf ihre Schulter legen. Ihre Stärke ist die Liebe, die sie ausstrahlen und die eine unwiderstehliche, dauerhafte Anziehungskraft besitzt, fernab von Modeerscheinungen und den Wirren des vergänglichen Erfolgs.

Agnès Galletier

Erst nachdem Frédéric sich versichert hat, dass die Mutterstute vertrauensvoll und ruhig weiter grast, fängt er an, mit dem Fohlen zu spielen.

Das Vertrauen, das die Mutter dem Menschen entgegen bringt, überträgt sich auf das Fohlen. Es lässt sich voller Neugierde auf eine erste Annäherung ein und wälzt sich übermütig. Dabei muss Frédéric etwas auf die strampelnden Beine aufpassen.

INSIGHTS
VON AGNÈS GALLETIER

Nicht viele Menschen haben das Privileg, die meisten Pferde, mit denen sie später arbeiten werden, schon als Fohlen zu kennen. Frédéric und Magali schöpfen ihre vierbeinigen Talente aus der Herde der Delgado-Zucht. So war es ein wunderschönes Privileg, dass Sie mich ganz früh am Morgen zu einem ihrer Lieblingsplätze mitnahmen, auf die Fohlenweide. Es war Frühling, und fast jeden Tag kam ein Fohlen zur Welt, das seinen Teil zum Glück der großen Pferde-Familie beitrug. Auch an diesem Morgen hatte es schon Zuwachs gegeben, ein Fohlen das noch wackelig auf den Beinen stand. Frédéric und Magali schlüpften zwischen die Stuten und passten sich fliessend dem Rhythmus der Herde an, sie wurden zu einem Teil der Herde. Sie waren konstant darauf aus, den ersten vorsichtigen Kontakt zu den Pferdekindern aufzunehmen, „erfühlten" die Neugierde eines Fohlens und teilten sich gegenseitig besondere Details in seinem Verhalten mit. Ganz besonders hat es ihnen ein gerade mal zwei Tage junges Fohlens angetan, das mutig auf sie zukommt, dabei entfernte es sich sogar von seiner Mutter, um die Beiden besser beobachten zu können. Frédéric blickte es an, nahm den Kontakt auf und machte sich klein vor ihm. Er lud es ein mit ihm zu spielen. Die beiden begannen, im schönsten Morgenlicht um einander und miteinander zu tanzen, federleicht … und wunderschön anzusehen - Magali lacht fröhlich, denn mit ihren Augen sah sie bereits viel mehr. An einem Punkt, als Frédéric zu übermütig wurde, macht das Fohlen einen grossen Satz und galoppiert zur Mutter zurück, um erst einmal einen großen Schluck Milch zu trinken.

So wie Frédéric strahlte, muss es sich in diesem Moment um „Liebe auf der ersten Blick" gehandelt haben. Die Zukunft wird zeigen, was aus dem kleinen Mann wird.

KAPITEL 1

Die Begegnung

„Das Pferd muss mir ein
Zeichen geben,
es muss sich für mich
interessieren.“

Frédéric Pignon

AGNÈS GALLETIER IM GESPRÄCH MIT

Magali Delgado *Frédéric Pignon*

Agnès: *Warum fängst Du so früh an, mit dem Fohlen zu spielen? Was ist der Sinn dahinter?*

Frédéric: Es schlug uns eine Form der Kommunikation vor, eine Begegnung, und ich hatte Lust, dem Kleinen zu antworten, weil er sowohl meine als auch Magalis Aufmerksamkeit erweckt hat. Das Ziel dieses Nachlaufspiels ist, zu testen, inwieweit er sich für uns interessiert. Darüber hinaus möchten wir seine Persönlichkeit erkunden. Wir sind immer auf der Suche nach intelligenten und mutigen Pferden, die Situationen analysieren und uns eine Antwort darauf geben.
Dieses kleine Fohlen übt eine faszinierende Anziehungskraft auf uns aus, obwohl es relativ schüchtern ist. Diese ersten gemeinsam erlebten Augenblicke mit ihm sind vielleicht der Beginn einer großen Geschichte ... Unsere nächsten Besuche werden uns mehr darüber sagen.

Agnès: *Wie sollte die erste Begegnung mit einem Pferd verlaufen, die erlaubt eine echte Verbindung aufzubauen?*

Magali: Dies ist ganz und gar eine Frage des Gefühls. Wenn ich durch den Stall gehe, schweift mein Blick von einem Pferd zum anderen, ohne dass ich mir objektiv Gedanken über den Charakter eines jeden Pferdes mache. Ich weiß, welches Pferd ich wofür einsetzen kann.
Ich kenne den Stammbaum jedes einzelnen, und in meinem Kopf existiert ein ziemlich genaues Bild dieses zukünftigen Partners.
Doch der wichtige Augenblick in einer Begegnung ist der, in dem mich das Pferd in irgendeiner Weise anspricht, mich anzieht und verführt. Das kann ein Blick, eine Haltung sein oder die Art und Weise, wie es um Aufmerksamkeit bittet und wie es sich verhält, wenn ich mich ihm nähere. Dann springt ein Funke über. Es gibt eine gewisse Anziehungskraft, einen Moment der Rührung und der Neugierde.
Kurzum, am Anfang jeder neuen Beziehung steht die gegenseitige Anziehung, die Freude, sich kennenzulernen und etwas miteinander zu unternehmen. Das Pferd drückt sein Interesse an uns dadurch aus, dass es mit uns spielen, schmusen oder sich einfach austauschen möchte. Bei den ganz scheuen Pferden reicht manchmal ein Blick aus. Ich spüre, dass sein Wesen mich völlig einnimmt und ich es gerne beschützen, verwöhnen und ihm etwas beibringen möchte, selbst, wenn es noch nicht schön ist oder wenn es ganz und gar nicht dem entspricht, was ich mir am Anfang vorgestellt habe. Wenn es diesen gewissen Funken, diese Lust gibt, dann weiß ich intuitiv, dass ich danach genügend Liebe und Geduld aufbringen kann, um dem Pferd über lange Jahre hin die besten Arbeitsbedingungen und einen liebevollen Austausch zu ermöglichen.
Es ist genau dieses Engagement auf längere Zeit, mit hunderten von Arbeitsstunden und jahrelanger Pflege, was wichtig ist. Wenn Sie nicht diesen göttlichen Funken besitzen und an die Beziehung glauben, wenn Sie nicht bedingungslos lieben können und mit viel Geduld und Ausdauer den langen Weg der Ausbildung gehen wollen, dann wird alles nur langweilig, fad und monoton sein. Dies gilt ebenso für Sie, wie auch für das Pferd. Ich konnte immer wieder feststellen, dass das Pferd alles tun wird, um sich unseren Lebensbedingungen anzupassen, um uns zu verstehen. Es möchte mit uns zusammenarbeiten und ganz und gar unsere Liebe gewinnen.

In den Fällen, in denen Sie keine Gänsehaut bei der ersten Begegnung hatten, wird sich die Beziehung später nie über eine rein funktionelle Ebene hinaus entwickeln können. Wenn ich Pferde rational unter dem Aspekt ihrer Herkunft, ihrer physischen Qualitäten und Fähigkeiten ausgesucht habe, ist unser Austausch immer beruflich, platonisch geblieben. Dies ist natürlich auch eine mögliche Mensch-Pferd Beziehung, aber im Hinblick auf unsere Arbeit und unsere Lebensphilosophie kommt sie für uns nicht infrage. Eine solche Beziehung würde sowohl uns als auch den Pferden keinen Spaß machen. Pferde sind sensible Wesen und in der Lage, sich an jemanden zu binden, ja, sie brauchen sogar eine Beziehung, um sich zu entfalten und glücklich zu sein.
Die Pferde, die im Katalog gekauft wurden ohne „Liebe auf den ersten Blick" offenbaren sich nie ganz. Sie machen meist brav und zuverlässig ihre Arbeit ... aber ohne Brillanz.
Ihr Talent kommt nicht so zum Vorschein, wie es in einer anderen Beziehung möglich wäre. Dies ist bedauernswert. Bei einer „Herzenswahl" ist es möglich, dass Pferde, die zu Anfang eher unscheinbar sind, plötzlich ungeahnte Talente aufweisen, die wir niemals vermutet oder erwartet hätten. Sie schlagen uns etwas anderes vor, als das, was wir uns vorgestellt haben. All diese Pferde haben nicht nur einen Platz in unserem Leben, sondern finden auch selbst ihren Platz in unseren Aufführungen, da sie so sein dürfen, wie sie sind und nicht wie wir sie haben möchten.
Ich denke, das Wichtigste in einer „wahren" Beziehung ist die gegenseitige Anziehungskraft. Erst dann zeigt sich der Sinn der Geschichte zwischen dem Pferd und uns, das wahre Schicksal dieser Begegnung. Und oftmals ist es auch das Pferd, das diese Entscheidung fällt und gar nicht so sehr wir selbst.

Agnès: *Was spielt sich genau bei der Begegnung eines Menschen mit einem Pferd auf den verschiedenen Ebenen ab?*

Frédéric: Ich glaube, dass diese erste Begegnung ganz grundlegend prägend und symbolisch ist, wenn man über den mystischen Aspekt, der anziehend, aber auch gefährlich ist, hinausgehen möchte. Meine erste Begegnung mit dem Pferd war rein imaginär und beruhte auf Erzählungen meines Vaters. Von den zwölf Kindern der Familie war er derjenige, der sich um die Stute des elterlichen Bauernhofes kümmerte. Aus dieser Nähe heraus ist eine Vertrautheit entstanden, an die sich auch später noch alle Sinne, selbst im Erwachsenenalter, als er weit vom Hof entfernt war, erinnerten. Mein Vater äußerte sich immer lobend und voller Begeisterung gegenüber den Pferden, die ihn während seiner Kindheit begleitet hatten. Diese Bewunderung und Liebe hat er direkt an uns weiter gegeben. Pferde haben unsere Vorstellungskraft und unsere Gefühlswelt geprägt, noch bevor wir jemals in Wirklichkeit einem begegnet sind. Bei uns zu Hause war das Pferd der Innbegriff von Schönheit, Sensibilität, Aufmerksamkeit und Harmonie.
Im Allgemeinen kennen alle Menschen diese symbolische Begegnung mit dem Pferd. Für sie verkörpert dieses Tier Freiheit, Stärke und eine Symbiose mit der Natur. Es verbindet uns mit unseren Wurzeln, indem es unsere verborgenen animalischen Kräfte mit den alten Mythen vereint.
Als ich acht Jahre alt war, brachte mein Vater eine Stute mit nach Hause. Ihr gegenüber fühlte ich mich ganz klein, sie erschien mir riesig. Gleichzeitig kam ich mir wie ein prähistorischer Jäger vor, mutig und klug, der ein Mittel finden würde, mit diesem wilden Tier in Beziehung zu treten und es zu erobern.
Meine Brüder und ich beobachteten jede Bewegung der braunen Stute, ihre Versuche, sich uns zu nähern, und probierten unsererseits, uns ihr zu nähern, ihre Zuneigung zu gewinnen, sie zu berühren und uns nach einer mehrtägigen Zeit der Gewöhnung auf ihren Rücken zu schwingen. Auf der Weide, die sich an das Haus anschloss, erlebten wir erneut die Geschichte der Zähmung des Pferdes.

Die beiden wesentlichen Aspekte, die meine Begegnung mit dem Pferd charakterisieren, sind wohl bei den meisten Reitern ähnlich: da ist einerseits das kleine Kind, das mit dieser enorm mütterlichen Masse konfrontiert wird, mit warmer Haut, angenehmem Geruch und wiegenden Schritten, und andererseits der Mensch, Opfer dieser wilden Kräfte, die es zu zähmen und zu bezwingen gilt. Meiner Meinung nach ergibt diese Mischung die nötige Würze. Wir sind recht klein im Verhältnis zum Pferd, und nichts ist sofort gewonnen.

Wir müssen unser Reitpferd nach und nach erobern, bescheiden sein und uns auf unseren Instinkt verlassen, um ans Ziel zu kommen.

Die Begegnung hängt natürlich auch davon ab, welche Bildung, welches soziale Umfeld oder welche Vorurteile Sie oder Ihre Familie gegenüber dem Pferd haben. Die Beziehung zum Pferd kann ganz und gar gefühlsbetont sein wie bei Magali und mir oder technisch, sportlich, wenn sie aus der Welt des Turniersports kommen, die mehr auf Leistung fixiert ist. Wie dem auch sei, es gibt immer eine rationale und eine intuitive Seite in der Begegnung.

Als Frédéric eine Mutterstute zärtlich streichelt, da steht ihr Fohlen ganz aufmerksam daneben und beobachtet ihn genau. Man spürt richtig, wie es sich seine Gedanken macht über diese eigenartige neue Beziehung, die es erlebt zwischen einem Zweibeiner und seiner Mutter. Da es ihr zu gefallen scheint, liebkost zu werden, kommt der Kleine etwas näher heran, um ebenfalls an diesem Austausch von Gefühlen teil zu nehmen.

Er spürt die wundervolle Energie, die von Frédéric ausgeht und drängt sich an ihn heran. Frédéric muss lächeln, dies kann der Anfang einer wundervollen Partnerschaft werden.

Agnès: *Du glaubst also, dass jedes Pferd immer wieder erobert werden will?*

Frédéric: Ja, selbst wenn man mehr als 30 Pferde im Stall hat und ebensoviele Jahre Erfahrung als Reiter, sollte man immer wieder von Null anfangen können, auch mit einem fünf- oder zehnjährigen Pferd, das bereits gearbeitet wurde. Das Interessante an der Sache ist nicht, sich in die Lebensgeschichte des Pferdes einzufügen und seine Fähigkeiten weiterzuentwickeln, sondern eine einzigartige Beziehung aufzubauen, die nur uns beiden gehört. Um solch eine Beziehung zu leben, müssen wir uns zunächst kennenlernen, uns vertrauen, an uns und den anderen glauben und zunehmend unsere Kommunikationsfähigkeit erweitern. Ohne dies kann kein alchemistischer Prozess in Gang kommen, da jeder in seiner alten Rolle verankert bleibt.

Agnès: *Was ist eurer Meinung nach eine ideale Umgebung für ein Kennenlernen?*

Magali: Die Bedingungen, die wir zu Hause haben! Dank der Pferdezucht meiner Eltern, die sich nur wenige Kilometer von hier entfernt befindet, können wir die Fohlen sofort nach ihrer Geburt kennenlernen. Wir besuchen sie häufig, um die neuen Fohlen zu erkunden. Von den 15 Fohlen, die jährlich in der Zucht der Delgados geboren werden, gibt es immer eins, das uns ins Auge fällt.
Es ist nicht immer das Schönste, das Bestgebaute, aber es ist dasjenige, das auf uns zukommt, das sich mutig oder neugierig verhält. Auch seine Anmut, seine Sanftheit oder seine Charakterstärke erwecken unsere Aufmerksamkeit. Ich erinnere mich zum Beispiel an Talento, der sich im Alter von drei Tagen an einer Distel gestochen hatte. Wütend und verärgert zertrampelte er die Distel, bis sie völlig zerstört war. In der Zwischenzeit rief seine Mutter nach ihm, da die Herde weiterzog. Er hingegen, noch ganz klein, konzentrierte sich weiter auf seinen Racheakt mit dieser verdammten Distel, und es kümmerte ihn wenig, was um ihn herum passierte. Wir waren ganz hingerissen von ihm und wetteten, dass sein unabhängiger, kämpferischer Charakter für unsere Arbeit sicher gut geeignet wäre. In der Tat war dem so. Heute steckt dieser dickköpfige Perfektionist seine ganze Energie in das Gelingen seiner Aufführungen.
Einem Pferd schon als Fohlen zu begegnen, gibt uns die Möglichkeit, einen besonderen Bezug zu ihm zu bekommen. Wir bauen unsere Geschichte von Anfang an gemeinsam auf. Außerdem hat ein Fohlen eine gewisse Unschuld, eine Steuer- und Formbarkeit, trotz seines bereits vorhandenen Charakters, was uns die Verbindung zu ihm erleichtert. Ein Pferd, das schlechte Erfahrungen gemacht hat, öffnet sich nicht so leicht.
Es behält eine gewisse Distanz. Man muss erst sein Vertrauen gewinnen und sich seiner Zuneigung würdig erweisen. Unsere kleinen „Babys" stellen sich diese Frage wohl erst gar nicht.

Frédéric: Mit den Fohlen aus unserer Zucht beginne ich ganz ähnlich wie mit meinen Hunden: ich lasse sie mich aussuchen. Die Fohlen, die mich im Grunde meines Herzens tief bewegen, sind diejenigen, die auf mich zukommen, die sich für mich interessieren, so wie das kleine Fohlen, mit dem ich gerade gespielt habe. Diese Fohlen berühren mich, selbst wenn sie nicht besonders hübsch sind.
Mit den ausgewachsenen Pferden gehe ich ebenso vor, zum Beispiel bei den Ankäufen in anderen Ställen. Das Pferd muss mir ein Zeichen geben, sich für mich interessieren. Ab diesem Augenblick vertraue ich ihm, dass es seinen Platz in unserem Leben und in unseren Aufführungen finden wird, selbst wenn nicht alles von Anfang an perfekt ist.
Wir kauften einmal ein zierliches, einäugiges Fohlen, das als „hässliches Entlein" einer berühmten Lusitano-Zucht galt. Ohne genau zu wissen, warum, hatten wir uns in das Kleine verliebt.
Heute ist dieses Pferd wie verwandelt und hat eine traumhaft schöne Ausstrahlung.

Am Anfang weiß man nicht, warum man von diesem und keinem anderen angezogen wird, aber die Pferde, bei denen es „Liebe auf den ersten Blick" war , finden immer einen Platz in unserem Leben.

Agnès: *Kann ein Pferd seine Distanz aufgeben und sich dem Menschen öffnen ?*

Magali: Ja, das ist mir schon mehrmals passiert. Aber eine Beziehung verändert sich nur, wenn sich das Pferd dazu entschließt, es muss von sich aus zu mir kommen. Dann zeigt es sich von Mal zu Mal zuvorkommender, verhält sich zärtlich-verschmust und wiehert, wenn ich im Stall an ihm vorbeigehe. Kurz, es bekundete schließlich, dass es mich als Partner auserwählt hat.
So lasse ich mich von einem Pferd verzaubern. Dies kann zu einer sehr harmonischen und interessanten Beziehung führen, aber das entscheidet wie gesagt das Pferd. Es zeigt dann mit erstaunlicher Intelligenz und Feinheit, dass es noch mehr Platz in unserem Leben einnehmen, unsere Aufmerksamkeit auf sich ziehen und uns Freude bereiten möchte.
Es macht dies gewiss auch, weil es uns vertraut. Vertrauen entwickelt sich nicht nur durch den täglichen Umgang und Leckereien. Vielmehr spielt die Beziehung, die wir in der Arbeit miteinander haben, eine wichtige Rolle beim Vertrauensaufbau. Wir arbeiten Schritt für Schritt an jeder Lektion, je nach Eignung, Ausbildungsgrad und Stimmung, sodass es für das Pferd einfach ist, auf unsere Fragen zu antworten. Die Freude an der Arbeit ist dabei unser wichtigstes Ziel. Jegliche Form von Doppeldeutigkeit, Zweifel und Konflikten versuchen wir zu vermeiden und passen uns nach Möglichkeit dem Pferd, seinem Charakter und seiner Reife an. Es sollte unter keinen Umständen in ein starres Dressurtraining gezwängt werden.
Wir hatten zum Beispiel ein Fohlen, das sich davor fürchtete, abseits von seiner Freundesgruppe zu arbeiten. Statt es von seinen Freunden zu trennen und es zu zwingen, sich nur auf mich zu konzentrieren, worauf es mit Panik reagiert hätte, habe ich mit ihm direkt neben seiner Weide gearbeitet. Als es genügend Vertrauen in mich gewonnen und Spaß an der Arbeit gefunden hatte, konnten wir uns ohne Probleme in Richtung Reitbahn entfernen. Man sollte immer eine Lösung suchen, die dem Pferd entspricht und nicht unseren Gewohnheiten oder Prinzipien.
Wenn Sie zu unflexibel und fordernd sind, könnte selbst das beste Pferd der Welt, das für Sie zu allem bereit wäre, plötzlich dichtmachen und sich weigern, mit ihnen zu arbeiten. Das Tier ist immer guten Willens. Es möchte etwas lernen, aber es liegt an Ihnen, den Weg zu finden, wie das am besten gelingt. Schaffen Sie dies nicht, beginnt das Pferd Ihnen zu misstrauen, es entwickelt Ängste und letztlich ist keine vertrauensvolle Beziehung mehr möglich.

Agnès: *Wie können wir die erste Begegnung zwischen Mensch und Pferd möglichst erfolgversprechend gestalten?*

Magali: Am Anfang braucht man das, was ich den „guten Willen" nenne. Für mich bedeutet dies, dass der Reiter bereit ist, alles für das Pferd zu tun. Wenn man weiß: das ist der Richtige, für ihn habe ich die nötige Geduld und alle Liebe der Welt – dann ist es wirklich das passende Pferd für einen.
Vor einigen Jahren hätte ich das so nicht gesagt. Ich war der Meinung, dass es Pferde gibt, die zu kompliziert für manchen Reiter sind. Die Erfahrung hat mich gelehrt, dass dem nicht so ist.
Ich erinnere mich an eine charmante Dame, die nicht viel Erfahrung mit Pferden hatte. Sie verliebte sich in eines unserer „schwierigen" Fohlen, dem gegenüber wir immer viel Geduld aufbringen mussten und keine Fehler machen durften. Wir waren davon überzeugt, dass ein Reiter ohne Erfahrung mit diesem Fohlen nicht klar kommen würde. Aber diese Dame bestand darauf, für sie kam nur dieses Fohlen infrage. Wir haben sie einen Monat lang warten lassen, um ihre Entschlusskraft zu testen.

Wir nutzten diese Zeit, den Charakter des Fohlens etwas abzurunden. Als sie zurückkam und immer noch wild entschlossen war, wagten wir das Abenteuer. Am Rande der Reitbahn beobachteten wir dieses ungewöhnliche Paar und rechneten mit einer Vielfalt von Problemen, die sich auftun würden.

Doch nichts dergleichen geschah. Das Pferd war entspannt, aufmerksam und ... zuvorkommend. Es war wie verwandelt. Ich bin davon überzeugt, dass das Pferd die Chance seines Lebens erkannt hat. Es hat sofort gespürt, dass diese Person gut zu ihm war, es liebte und respektierte. Es hat sich völlig dieser Reiterin anvertraut, trotz all ihrer Fehler und Ungeschicktheiten. Die beiden leben nun seit 20 Jahren auf wundersame Art und Weise zusammen. Es wäre wirklich schade gewesen, diese Beziehung zu verhindern.

Ich glaube deshalb, dass man sich auf sein Gefühl und seine Intuition verlassen sollte. Es gibt kein Pferd, das unzugänglich wäre. Solange der Reiter einen guten Willen, Geduld, und Gefühl mitbringt, entschuldigt das Pferd viel. Zumindest, wenn diese Fehler durch Unkenntnis und Unachtsamkeit verursacht werden. Sobald das Pferd aber keine gute Absicht beim Reiter spürt, verschließt es sich und wird ängstlich. Doch es ist der Mensch, der es ängstlich macht. Von sich aus ist das Pferd zu allen Abenteuern bereit.

Es versucht immer die Situation zu verstehen, sich einen Reim auf das oftmals widersprüchliche Verhalten seines Reiters zu machen und schlägt Lösungen vor, die der Situation angepasst sind.

Wir beobachten jeden Tag, wie willig sich die Pferde den oftmals verwirrenden Anforderungen von Amateurreitern anpassen.

Frédéric: Ich möchte hinzufügen, dass man sich vor Projektionen hüten sollte. Ich erinnere mich an eine Frau, die zu uns kam, um den Bruder von Dao zu kaufen. Sie hatte Dao in unseren Aufführungen gesehen und sich in ihn verliebt. Doch die Beziehung zwischen ihr und diesem Pferd hat niemals funktioniert, weil sie sich nicht für seine wahre Persönlichkeit interessiert hat, sondern nur Dao vor Augen hatte.

Wenn ich von der „Persönlichkeit eines Pferdes" spreche, so meine ich dies nicht kategorisch, denn es ist immer eine Verallgemeinerung, zu sagen, wer und wie jemand wirklich ist, ganz egal, ob es sich um ein Pferd oder einen Menschen handelt. Im Großen und Ganzen sind Pferde von Grund auf freundliche Wesen, bis auf einige Ausnahmen. Bei uns Menschen es ist ähnlich. Dabei ist nichts für immer fest und definitiv. Die verschiedenen Facetten des Pferdes werden sein Leben lang von seiner Umgebung und seinen Bezugspersonen geprägt. Die Erfahrungen können es misstrauisch, bösartig oder schreckhaft machen, genauso aber auch selbstbewusst und ruhig.

Ich erinnere mich an ein junges Pferd namens Roublard, das sich wie ein richtiger Flegel verhielt. Er suchte ständig die Konfrontation und machte viele Dummheiten. Kurzum, ich vertraute ihm nicht, und er war mir auch nicht sympathisch. Ein junges, lässiges Mädchen hatte ein Auge auf ihn geworfen. Wir malten uns bereits aus, wie er sie an der Nase herumführen würde und dabei einen noch schlechteren Charakter bekäme. Genau das Gegenteil geschah. Von dem Augenblick an, als das Mädchen sich um ihn kümmerte, verwandelte sich dieser kleine Filou ganz spontan in einen lässigen, guten Kerl, der keine schlechten Absichten hegte. Lenkte er ein, weil er sich geliebt und in Sicherheit fühlte? Gibt es eine natürliche Osmose zwischen den Charakteren? Ich kann darauf keine Antwort geben, aber ich habe bemerkt, dass man niemals vorhersehen kann, wie sich die Beziehung zwischen einem Menschen und einem Pferd entwickelt. Diese Geschichte gehört ganz und gar den beiden und zeichnet sich durch eine ganz besondere Alchemie aus.

Keyword:

INTUITION

Intuition ist ganz wichtig in der Beziehung zu Pferden. Von all den Personen, die zu uns kommen, gibt es nur wenige, die auf ihre Intuition hören. Frauen sind in der Regel etwas intuitiver als Männer, vor allem, was die „Liebe auf den ersten Blick" anbelangt, die ich eher als Impulsivität, als ein Hinhören auf seine Gefühle bezeichnen würde. Um eine wirksame und harmonische Beziehung mit Pferden aufzubauen, schlagen wir den Reitern vor, in sich zu gehen und sich zu vertrauen. Dies ist für einige sehr schwierig. Die Intuition ist ein tiefes Gefühl, das wie von selbst aus dem Nirgendwo aufzutauchen scheint und dann plötzlich klar und unmissverständlich da ist. Ich weiß nicht, woher diese Antwort auf meine Probleme kommt, aber ich weiß in dem Moment, dass sie die richtige ist. Wir alle haben Rezeptoren, die Informationen, Energien und alle möglichen Gedanken von überall her aufnehmen, ohne dass wir uns dessen bewusst sind. Unser Unterbewusstsein verarbeitet all diese Informationen und setzt sie in eine Verbindung zur Welt, zum Lebendigen, zu einer globalen Bewusstseinsenergie. Dank dieser Verbindung führt die Intuition uns in Bereiche, die unserem Bewusstsein verschlossen bleiben.

Wenn wir mit unseren Pferden zusammen sind, werden wir ständig dazu aufgefordert, unsere Intuition zu gebrauchen, da der Intellekt und unsere menschlichen Erfahrungen uns nicht immer die geeigneten Antworten geben. Magali und ich wählen unsere neuen Pferde immer eher intuitiv als rational aus. Meine Intuition ermöglicht mir auch, sofort im Augenblick auf das zu reagieren, was meine Pferde mir bei der Arbeitsvorschlagen, ohne dass ich überlegen muss, warum ich dies so tue und nicht anders. Nach einer gewissen Zeit wird es ein Automatismus, der den Intellekt zweitrangig werden lässt und eine fließende Kommunikation ermöglicht. Auf diese Art und Weise bediene ich mich meiner Intuition, auch in extremen Lebenssituationen oder wenn ich wichtige Entscheidungen zu fällen habe. Intuitiv entschieden wir uns auch, Templado am Ende seines Lebens aus der Klinik zu holen.

Dies mag manchem vielleicht grausam erscheinen, aber Magali und ich waren davon überzeugt, dass es richtig war. Und es stimmte.

Sobald unser Pferd zu Hause war, fand es auf wunderbare Art und Weise seine Lebensfreude und Energie wieder. Trotzdem war es ein Wagnis, und es ist immer riskant, seiner Intuition zu vertrauen. Aber man muss sich klar machen, dass man nicht alles mit dem Verstand und der Erfahrung erklären kann. Man „fühlt" etwas, man ist von etwas überzeugt ... aber ohne Garantie! In unserer Gesellschaft, in der man sich ständig nach Normen und Regeln richten muss, kann Intuition durchaus beängstigend sein. Zumindest am Anfang, denn später lernt man durch die Erfahrung loszulassen und ihr zu vertrauen.

Frédéric Pignon

Keyword: VERTRAUEN

Die Begegnung mit einem Pferd ist ein Vertrauensbeweis, der auf Gegenseitigkeit beruht. Wir halten ihm die Hand hin, das Pferd streckt die Nase danach aus, während beide etwas angespannt dem Unbekannten entgegenblicken. Es braucht seine Zeit und mehrere Annäherungsversuche, um sich gegenseitig zu vertrauen, eine Freundschaft zu entwickeln und sich ohne Vorbehalte wohlzufühlen. In einer Begegnung gibt es immer zwei Persönlichkeiten, zwei Erfahrungshorizonte, die aufeinanderstoßen, sich gegenseitig abtasten und schrittweise versuchen, zueinander zu finden. Man muss immer wieder voller Vertrauen und Vorsicht in dieses „unbekannte Neuland" aufbrechen, wenn man ein neues Pferd kennenlernt.

Trotz aller Neugierde und Interesse bleibt das Pferd als Beutetier immer etwas zurückhaltend. Bei einem Hengst ist die ganze Sache noch komplexer, da er immer wieder aufs Neue die Hierarchie in Frage stellt.

Das Vertrauen, von dem ich spreche, ist grundlegend für das Pferd und die zukünftige Beziehung. Man muss sich trotzdem stets bewusst sein, dass das Pferd ein sehr lebendiges Wesen ist, das unvorhersehbare Reaktionen zeigen kann, selbst wenn man seine Persönlichkeit kennt und nach jahrelanger Zusammenarbeit die meisten seiner Verhaltensweisen antizipieren kann.

Aber selbst in der besten Freundschaft kennt man den anderen nie ganz und gar, und unter neuen Umständen kann es manchmal auch Überraschungen geben. Ich würde sogar sagen, dass man mit den Pferden diese neuen Umstände suchen und das Risiko eingehen sollte, gemeinsam neue Erfahrungen zu machen. Es sind gerade diese gemeinsam bestandenen Prüfungen, die unsere Beziehung stärken und prägen, wie zum Beispiel ein langer Ausritt in unbekannten Gegenden, ein Turnier, ein neuer Ort oder die Bekanntschaft mit neuen Pferden.

Irgendwann sind Mensch und Pferd dann ein altes Paar mit vielen Erinnerungen, sowohl guten als auch schlechten, und vertrauen einander (beinahe) blind.

Frédéric Pignon

Brief an Fasto

Du warst es, der zu mir kam. Schon als Fohlen, bei unserer ersten Begegnung, schautest Du mir tief in die Augen und schienst zu sagen: Du interessierst mich, wer bist du? Magst Du mir etwas vorschlagen? Lass uns etwas zusammen machen! Ich war zu dieser Zeit nicht sehr zugänglich für Dich, denn ich war mit unserer Aufführungen in der Karibik und in Florida beschäftigt. Aber jedes Mal, wenn ich nach Hause kam, stieß ich inmitten der Fohlenherde auf Dich und Deinen durchdringenden Blick.Du schienst sehr entschlossen zu sein, und ich sagte zu Magali: „Dieses Fohlen beschäftigt mich. Es hat eine unglaublich schöne Aura und ist einzigartig. Es erwartet irgendetwas von mir."

Dann verreisten wir wieder für mehrere Monate ans andere Ende der Welt. Ich lernte Dich erst richtig kennen, als ich anfing, das Verhalten der Fohlen beim Spielen zu studieren. Ich wollte verstehen, wie ihr das Spiel beginnt und beendet. Dies interessierte mich sehr, da mir dieses Wissen dabei helfen konnte, meine Hengste in den Aufführungen zum Spiel aufzufordern und Ihnen aber auch zu sagen:„So, jetzt ist Schluss, wir beruhigen uns wieder."

Jedes Mal, wenn ich die spielenden Fohlen auf der Weide beobachtete, warst Du immer das Leittier. Alle Fohlen folgten Dir. Du ranntest davon, buckelnd, und tatest so, als würdest Du die anderen angreifen – alles nur, um sie zum Mitlaufen aufzufordern. Ihr spieltet wie die Wilden, aber von einem Augenblick auf den anderen hast Du entschieden, dass jetzt Schluss sei. Du bliebst ruhig stehen, fingst an zu grasen, und niemand durfte Dich mehr stören. Du fälltest die Entscheidung, und Du wusstest genau, wie man alle anderen zusammentrieb. Alle respektierten Dich, und Du konntest Deinen Willen durchsetzen. Du warst ein ausgezeichnetes Vorbild für mich und meine Arbeit. Du bist in unser Leben und unsere Truppe getreten, ohne dass wir Dein Kommen jemals in Frage gestellt hätten. Als Bruder von Templado war mir Deine Ausstrahlung vertraut. Von Beginn an hatte ich das Gefühl, Dich in Deinem tiefsten Innern zu kennen. Du warst auch in unserer Zusammenarbeit derjenige, der das Spiel dominierte und nicht ich. Auf Deine Art und Weise, in Deinem Rhythmus, genauso wie früher als Fohlen, tatest Du genau das, was Du wolltest.

Als Dresseur hast Du mich zum Zuschauer deiner Albernheiten gemacht. Während unserer Aufführungen verschwandest Du an das andere Ende der Halle und wälzest Dich mit Deinem glänzend weißen Fell ausgiebig dort, wo der Sand am dunkelsten war, und das Publikum applaudierte. Danach kamst Du vergnügt zu mir zurück, legtest Deine Nase auf meine Schulter, um Dich dafür zu entschuldigen, dass Du mal wieder ausgerissen warst. Ich hatte keine Wahl. Wenn ich versuchte, Dir den spanischen Schritt beizubringen, sah es nach nichts aus. Wenn Du hingegen selbst deine Lektion aussuchen durftest, so wie deine beeindruckenden Steigenummern der „Cabrade", dann warst Du der Star. Du hast mich gelehrt, Dich glücklich zu machen, damit Deine Ausstrahlung voll zur Geltung kommen konnte.

Dadurch erkannte ich, was in unseren Aufführungen und bei Pferden im gemeinen wichtig ist. Du bist derjenige, der unsere Begegnung herausgefordert und unsere Beziehung bestimmt hat. Du hast mich viel von dem gelehrt, das mich vorangebracht hat. Jetzt bist Du in Rente bei uns zu Hause, und ich hoffe, dass Du mit Deiner Wahl für uns zufrieden bist. Ich hoffe, dass ich Deine Erwartung erfüllt habe, als Du mich vor 15 Jahren mit deinem tiefen, zärtlichen und entschlossenen Blick anschautest.

Frédéric

INSIGHTS

VON AGNÈS GALLETIER

Es war ein besonderes Privileg, das mir zuteil wurde, für einige Tage in die Welt von Frédéric und Magali eintauchen zu können. Sie ließen es zu, dass ich sie durch ihren Alltag begleitete, Beobachtungen anstellte und mir meine Gedanken machte. Ich wollte so gerne verstehen, wie sie dieses besondere und intime Vertrauensverhältnis zu den Pferden herstellten, das wir später in den Aufführungen so bewundern können. Doch mir fiel die ganze Zeit gar nichts Spektakuläres auf, bei ihrer täglichen Routine.
Es schien also kein „Wundermittel“ für ein harmonisches Miteinander von Mensch und Pferd zu geben. Dafür spürte ich ein tiefes Einverständnis zwischen ihnen, ein Zuhören und Verstehen wollen, was ganz sicher zum Schluss den grossen Unterschied ausmacht. Das gegenseitig Vertrauen erschien nur natürlich und selbstverständlich. Vielleicht kommt es daher, dass sich diese beiden Mentschen unter ihren Pferden bewegen, wie andere nur in ihrer eigenen Familie: einen zarten Kuss für den einen, ein liebevolles „Guten Morgen“ zum Anderen, man kümmert sich um kleine Wunden eines Dritten, kennt die Bedürfnisse jedes Einzelnen. Ihre Lieblinge zeigten nicht die geringsten Anzeichen von Anspannung oder Zurückhaltung, sie begrüßten Magli und Frédéric mit einer selbstverständlichen Freude, und die beiden geben jedem die Aufmerksamkeit, die er braucht.

Frédéric und Magali leben mit ihren Pferden wie andere mit ihren Familien, wahrscheinlich besser: Was ich hier sah, unterschied sich von allem mir bisher Bekannten und Erlebten, es machte mich sprachlos und irgendwie auch glücklich.

An einem anderen Morgen setzte ich mich in einen Sessel am Rand der Reitbahn, um mir die Arbeit von Frédéric mit den Friesen Phebus und Paulus anzuschauen. Gleichzeitig beobachtete ich Magali aus dem Augenwinkel, die gerade die Box von Quelam ausmistet. Es war amüsant, dabei die Mimik der beiden und die „Unterhaltung“ zu verfolgen. So vertraut wie bei einem alten Ehepaar intepertierte Magali „Quealms“ Körpersprache und verbalisierte sein Verhalten auf eine besonders witzige Art und Weise. Während Magali die Schubkarre weiterhin mit Mist voll lud, lachte sie, zwischendurch streichelte sie Quelam und unterhielt sich weiter mit ihm. Es gab keinen einzigen Augenblick in dem der unsichtbare Faden, der sie verband abriß. Selbst als der Rabe, der auf Magalis Schulter saß, schreiend mit den Flügeln schlug, als die Katze zwischen ihren Beinen umherschlich oder ihr die Mistgabel polternd aus der Hand fiel ... All dies schien das graue Pferd nicht zu stören, es lauschte Magali vollkommen hingebunsvoll, in jedem Augenblick, voller Vertrauen.

KAPITEL 2
Geinsam etwas aufbauen

„Ich begebe mich in jede neue
Beziehung wie ein Weltenforscher,
der Neuland betritt.
Ganz ohne Vorurteile versuche ich,
unermüdlich Neues zu erforschen
und zu verstehen.“

Frédéric Pignon

Agnès: *Magali! Dein Pferd „Quelam" scheint nichts aus der Ruhe zu bringen, was immer Du auch tust. Ist dies mit all Deinen Pferden so?*

Magali: Nein. Dass ich beim Ausmisten die Boxentür zum Garten offen lassen kann, dass mein Vogel und die Katze in der Box herumturnen, das geht nur bei meinem alten Kumpel Quelam. Ich würde das nicht bei einem Pferd machen, das gerade bei uns angekommen ist. Selbst «Pferdeprofis» wie wir brauchen Jahre, um ein solches Vertrauensverhältnis aufzubauen. Dieses Vertrauen zu einem Pferd ist ein langfristiges Ziel, und es benötigt viel Geduld und Bescheidenheit, um es zu erreichen.
Die Beziehung kann in bestimmten Augenblicken immer wieder in Frage gestellt werden, die Entwicklung ist nicht linear. Nichts ist schon im voraus gewonnen, und es gibt kein Geheimrezept.

Agnès: *Wie baust Du das Vertrauen ganz konkret auf? Gibt es da verschiedene Stufen?*

Magali: Ja, es gibt ganz wesentliche Phasen. Auch wenn jede Pferd-Mensch-Beziehung ihre Eigenheiten und ihren eigenen Rhythmus hat, finde ich sie bei all unseren Pferden wieder.
Die erste Phase in der Beziehung zwischen Reiter und Pferd ist das aufkeimende Vertrauen nach dem Kennenlernen. Nun geht es darum, die guten Vorsätze und Ideen, die man bei der ersten Begegnung gespürt hat, umzusetzen. Nach der anfänglichen Euphorie holt uns meist zunächst die Realität ein, denn das Pferd ist niemals genau so, wie wir es uns vorgestellt haben. Auch wir selbst haben angesichts der neuen Situation unsere Befürchtungen oder fallen in bestimmte Verhaltensmuster zurück.
Es ist wie beim Kennenlernen zweier Menschen. Nach der anfänglichen Anziehungskraft möchte man mehr über den anderen erfahren, man muss lernen, miteinander zu leben und eine eigene Form der Kommunikation entwickeln.
Wenn meine jungen Pferde bei uns ankommen, nehme ich mir Zeit, um ihre Persönlichkeit und Ängste kennenzulernen. Ich zeige ihnen aber auch, was ich von ihnen erwarte und wie wir hier leben. Kurz, jeder sollte wissen, mit wem er es zu tun hat und was Sache ist.
Mehrmals am Tag gehe ich zu den Jungpferden in die Box. Ich streichle und striegele sie, lege ihnen das Halfter an, binde sie an und ab, führe sie, zeige ihnen den Longierplatz, bringe sie auf die Weide zum Grasen und zeige ihnen den Waschplatz, um ihre Reaktionen zu beobachten. Dies bildet die Basis unserer Arbeit. Es sind gerade diese kleinen alltäglichen Dinge, die unser gegenseitiges Vertrauensverhältnis stärken. In der gemeinsam verbrachten Zeit lerne ich dieses noch unbekannte Wesen kennen und baue von Tag zu Tag eine natürlichere Verständigung mit ihm auf. Nach ungefähr einem Jahr der gemeinsamen Annäherung hat jeder seine Orientierungshilfen, und wir müssen nicht jedes Mal aufs Neue die Intentionen des anderes entschlüsseln.
Diese Grundlagen sind ganz wichtig, vor allem für die ersten Aufführungen, wenn das Pferd mit beängstigenden Situationen konfrontiert wird.
Stimmt die Vorbereitung, hält es auch in diesen Momenten zu mir und vertraut mir. Ich wiederum kann sein Verhalten verstehen, seine Reaktionen erahnen und eventuell auftretenden Stress bewältigen.

Agnès: *Wie näherst Du Dich einem Neuankömmling in Deinem Stall, den Du bisher nicht kennst und mit dem Du nun arbeiten möchtest?*

Frédéric: Allein die Vorstellung einer neuen Beziehung bewegt mich sehr, und ich bin sehr aufgeregt.
Ich stelle mir ein weißes Blatt Papier oder noch besser eine weiße Leinwand vor. Darauf kann ich ein neues Bild beginnen. Auch ich kenne die Phase der Illusion, der Tagträumereien, obwohl die Erfahrung mich gelehrt hat, dass die Realität meist ganz anders aussieht. Doch diese Diskrepanz beunruhigt mich nicht, da ich im alltäglich-realen Kontakt mit diesem neuen Pferd die Fehler, die ich nicht gesehen habe, korrigieren kann.
Ich werde aber auch Qualitäten entdecken, die ich nicht für möglich gehalten hätte. Jede neue Beziehung erkunde ich wie ein Entdecker, der Neuland betritt – ohne Vorurteile und mit großer Neugier und Offenheit.
Beginnt man eine Beziehung jedoch mit der Vorstellung, das Pferd bereits zu kennen oder dass die Entwicklung bei allen Pferden gleich sei, läuft man Gefahr, Wesentliches zu übersehen. Noch viel schlimmer ist, dass wir auf diese Art und Weise keine reale Beziehung aufbauen können, da das Bild, das wir uns von dem Tier machen, eine Verallgemeinerung ist

und dem einzigartigen Individuum nicht entspricht. Das Pferd kann dann seine Persönlichkeit nicht entwickeln, es bleibt verschlossen, hat keine Freude an der Kommunikation und offenbart nicht seinen wahren Charakter mit all seinen Talenten.

Diese Erfahrung konnten wir an uns selbst während einer Kurzreise nach Portugal machen. Wir reisten mit einer Gruppe von Menschen, deren Sprache wir nicht verstanden und die nur untereinander kommunizierten und sich nicht die geringste Mühe gaben, uns einzubeziehen. Wir waren aus ihrer Gemeinschaft ausgeschlossen. Nach einigen Tagen haben wir unsere Verständigungsversuche völlig aufgegeben und warteten darauf, dass dieser Aufenthalt endlich zu Ende gehen möge.

Bei den Pferden beobachte ich genau dasselbe Verhalten. Wenn man sich nicht bemüht, ihre Sprache zu verstehen und ihre Versuche, mit uns in Kontakt zu treten, nicht erkennt, dann verweigern sie schließlich jegliche Form der Kommunikation mit uns und werden ganz still.

Sie folgen vielleicht trotzdem unseren Anweisungen, aber sie tun nur das Minimum, ohne sich zu offenbaren. Das nenne ich ein »erloschenes« Pferd. Davon gibt es leider viele!

Agnès: *Wie gehst Du an ein Pferd heran, das bereits eingeritten wurde und durch andere Hände gegangen ist?*

Frédéric: Ganz im Gegensatz zu dem, was man allgemein denkt, ist dies noch delikater als mit einem Fohlen. Dies ist «naiv», hat kaum schlechte Erfahrungen gemacht und vor allem keine Vorurteile. Es ist von Natur aus neugierig, möchte sich austauschen und lernen. Es reicht völlig, wenn wir dabei Stressmomente vermeiden, was relativ einfach ist.
Bei einem erwachsenen Pferd sind wir mit einem Lebewesen konfrontiert, das bereits durch positive und negative Erfahrungen, die wir nicht kennen, geprägt ist. In diesem Fall müssen wir vorausahnen können, wie das Pferd auf bestimmt Alltagssituationen reagieren wird. Leider haben viele ältere Pferde, die wir zu Hause aufnehmen, schlechte Erfahrungen gemacht. Entweder sind sie «erloschen«, weil sich niemand für sie interessiert hat, oder sie sind ängstlich. Einige sind schon völlig gestresst, wenn man nur ihre Box betritt, sie eine Mistgabel sehen oder an der Longe arbeiten müssen. Traumatisierte Tiere haben nicht mehr die Fähigkeit, eine Situation zu analysieren oder zu überlegen. Allein die Präsenz eines Ausbilders versetzt sie schon in Panik. Diese Angst äußert sich in Fluchtverhalten oder der Unfähigkeit, auf eine einfache Anfrage zu reagieren. Vor allem Hengste, die emotionaler und ängstlicher als Stuten sind, reagieren oftmals aggressiv. Hinter dieser Form von Aggression verbirgt sich meist nur eine enorme Stresssituation für das Pferd aus der Konfrontation mit dem Menschen.
Nachdem ich all diese konditionierten Reflexe des schon «erzogenen» Pferdes entdeckt habe, fange ich in der Beziehung nochmal von Null an. Ich übe ganz alltägliche Dinge mit ihm, um eine Grundlage zu schaffen. Dabei ist es wichtig, in kleinen Schritten vorzugehen. Ich füttere das Pferd, streichle und striegle es und longiere es, um dabei zu beobachten, wo es verweigert und Augenblicke der Aggressivität und Panik entstehen.
Ich versuche, diesen Gefühlen gegenüber möglichst neutral zu bleiben, die Mechanismen ihrer Entstehung zu verstehen, um dann adäquate Lösungen zu finden. Natürlich helfen mir dabei meine Erfahrungen mit anderen Pferden, aber vor allem versuche ich, mithilfe meiner Intuition mehr über die Lebensgeschichte des Pferdes herauszubekommen. Von Tag zu Tag versuchen wir diese Lebensgeschichte dann neu zu schreiben, in einer positiven Weise, damit wir eine tragfähige Basis für unsere gemeinsamen Unternehmungen der nächsten Jahre haben.

Agnès: *Ab wann spürst Du, dass Du mit dem Pferd eine Ebene erreicht hast, wo es bereit ist, auf Dich einzugehen und Dich als Partner akzeptiert?*

Magali: Von dem Augenblick an, wenn das Pferd auf eine Situation so reagiert, wie du es ihm beigebracht hast und nicht wie es am Anfang reagierte. Dies kann man in ganz alltäglichen Situationen beobachten, zum Beispiel, wenn man es auf die Weide lässt und es ganz gelassen losläuft, wenn ihm die Dusche keine Angst mehr macht oder wenn es das Striegeln genießen kann. In diesen Augenblicken merkst du, dass es deine Anweisungen angenommen hat. Die Regeln, die du ihm gezeigt hast, beruhigen es und tragen zu seinem Wohlbefinden bei.
Das Pferd wird dir jeden Tag ein wenig mehr zeigen, dass es deine Führung als Leittier schätzt. Achtung, ich spreche in diesem Zusammenhang von einer vertrauenswürdigen Führung, nicht von einem autoritären Chefgehabe, was völlig kontraproduktiv ist. Ich lasse dem Pferd auch immer die Wahl und eine gewisse Eigenverantwortung. Ich halte es nur an, wenn es zu weit in die falsche Richtung geht. Das Pferd beobachtet das Problem, hört sich meine Anweisungen und Ermutigungen an, aber es muss selbst die Lösungen für auftretende Probleme finden. Eine gute Führung zeichnet sich dadurch aus, dass sie Überlegungen und Lösungen zu Alltagssituationen anregt.

Dies ist für unsere Pferde, die während unserer Tourneen ständig auf Veränderungen reagieren müssen, besonders wichtig.

Die beruhigende Führung des Reiters ist auch in der zweiten Phase des Beziehungsaufbaus, dem Reiten, wichtig. Wenn die Orientierungshilfen einmal gegeben sind und Vertrauen besteht, kann man auch schwierigere Situationen mit dem Pferd meistern. Hier beginnt die reale Arbeitsphase, die nochmals eine Weiterentwicklung in der Beziehung verlangt. Man erwartet nicht mehr nur Vertrauen und Respekt, sondern auch eine Anstrengung vom Pferd. In der Regel mögen Pferde diese Form der Zusammenarbeit, da sie gerne lernen und uns Freude bereiten möchten. Jedes Pferd hat aber auch seinen eigenen Rhythmus und seine physiologischen und psychologischen Grenzen, die man spüren und respektieren sollte.

Agnès: *Was braucht es noch, ausser gegenseitigem Vertrauen, um die Zusammenarbeit zu intensivieren?*

Magali: Vertrauen ist eine notwendige Bedingung, die aber allein nicht ausreicht. Um beim Reiten effektiv zusammenzuarbeiten, muss man Richtlinien ausarbeiten, die für das Pferd verständlich sind. Bis zum siebten oder achten Lebensjahr geht es hauptsächlich um Muskelaufbau und Lockerung. Man sollte dem Pferd zeigen, was man von ihm erwartet, ihm die Möglichkeit geben, dies auszuprobieren, damit es selbst die richtige Bewegung im richtigen Augenblick findet. Es versteht die Übung dann von ganz allein.

Dies funktioniert nicht sofort, und man muss lernen, sich zu gedulden. Manchmal muss man auch Rückschritte in der Lernphase akzeptieren. Einzelne Dresseure machen genau das Gegenteil: sie bedrängen das Pferd so lange, bis es irgendwann erschöpft nachgibt und sie das bekommen, was sie wollten. Ich glaube nicht, dass dies der richtige Weg ist, um beim Pferd die Freude an der Arbeit aufrechtzuhalten.

Die Dosierung ist allerdings nicht ganz einfach, denn wenn man weiterkommen möchte und komplexere Lektionen für das Pferd ausarbeitet, muss man strenger sein und dem Pferd etwas mehr als gewöhnlich abverlangen.

Ich höre auf, wenn ich Zweifel im Auge meines Pferdes erkenne. Ich ziehe es vor, die Situation zu entspannen, indem ich es am Halfter grasen lassen oder es striegle und massiere. Kurzum, ich versuche ihm klar zu machen, dass ich ihm nichts Böses will, dass alles in Ordnung ist und ich mich über ihn freue, damit es sich nicht aufregt und den Kontakt abbricht.

Agnès: *Wie geht Ihr mit dem Druck um, dass zu bestimmten Zeiten die Show-Nummern perfekt funktionieren müssen?*

Magali: Ja, aber wenn ich das Vertrauen und die Freude an der Arbeit mit meinen Pferden verliere, dann ist dies ein viel größerer Zeitverlust als ein oder zwei misslungene Arbeitsstunden! Es ist nicht schlimm, wenn das Pferd seine Nummer nicht perfekt beherrscht. In der Aufführung kann ich mich immer dem Pferd anpassen, sodass es selbst unter schwierigen Umständen etwas Gutes präsentiert, das ihm Freude bereitet.

Ich ziehe es vor, meinen Stolz vor dem Publikum hintenanzustellen. Ich verlange meinen Pferden nichts ab, was sie noch nicht richtig verinnerlicht haben. Damit könnte ich ihr Vertrauen und ihren Enthusiasmus verlieren.

In jungen Jahren, als ich an Dressurturnieren teilgenommen habe, kam es vor, dass ich Dao mit Lektionen überforderte, die ich in ganz bestimmten Augenblicken von ihm verlangte. Ich insistierte zu sehr, war kompromisslos und gestresst durch die Ziele, die ich mir selbst gestellt hatte. Ich erinnere mich noch bestens an seinen vorwurfsvollen Blick und seine beleidigte Haltung nach den Prüfungen, in denen ich zu weit gegangen war. Ich hatte schreckliche Schuldgefühle, die mich krank machten. Heute habe ich mehr Erfahrung und passe mich dem Pferd an, statt ihm die Lust an der Sache zu verderben.

Dies ist in unseren flexiblen Aufführungen durchaus möglich. Dabei ist es egal, ob das Pferd noch in der Ausbildung ist oder diese schon abgeschlossen hat. Wenn es etwas besonders gut kann, an diesem Tag aber nicht in Form ist, dann mache ich kein Drama daraus. Die besten Athleten haben Formtiefs, worum nicht auch das Pferd?

Agnès: *Wie findet man das richtige Gleichgewicht zwischen Unter- und Überforderung des Pferdes?*

Magali: Ich würde eher sagen, man muss den rechten Augenblick für jede Anforderung finden. Manchmal muss man sich durchsetzen, und manchmal kann man loslassen. Mit unseren älteren Pferden verhandeln wir ständig, vor allem beim Reiten. Wenn sie an einem Tag nicht begeistert mitmachen und keine Energie haben, mache ich nur einfache Übungen mit ihnen und beharre nicht auf mehr. Wenn das Pferd aber in Hochform ist, durchlässig, und auf meine Hilfen gut reagiert, dann kann ich auch anspruchsvollere Übungen mit ihm probieren. Ich bleibe dabei aber stets freundlich.
Auch wenn wir nicht immer einer Meinung sind, versuche ich ruhig zu bleiben und kehre zur ursprünglichen Übung zurück, bevor ich dann wieder zu etwas anderem übergehe. Man kann Widerstände beim Pferd auch umgehen, indem man eine Übung draußen während eines Ausrittes versucht. Reiter und Pferd sind dort oftmals entspannter.
Ich möchte also in meinen Übungen leicht bleiben und Bedingungen schaffen, die uns vor harter, demoralisierender Arbeit schützen. Freude und Energie sind Qualitäten, die ich in unserer Beziehung unbedingt zu bewahren versuche.
Mit den jungen oder gerade angekommenen Pferden in unserem Stall arbeite ich nur an leichten Lektionen. In diesem Fall brauche ich weniger zu verhandeln, trotzdem muss ich auch hier die richtige Balance zwischen durchsetzen und flexibel bleiben finden. Besonders delikat ist das bei den Hengsten, die ständig die Führungsposition in Frage stellen und den Ausbilder testen. Zur Zeit gibt es im Stall einen regen Wechsel durch Neuankömmlinge und den Pferden, die in unser Ausbildungszentrum nach Tarascon gehen. Diese Unruhe erregt die Hengste und lenkt sie ab, sodass sie sich nicht mehr so gut auf die Arbeit konzentrieren können. Übertriebene Nachgiebigkeit wäre hier aber fehl am Platz. Manchmal ist es notwendig, sie an die Benimmregeln zu erinnern und sie auf ihren Platz innerhalb der Hierarchie zu verweisen.
Alle Hengste brauchen regelmäßig Ermahnungen und müssen in ihre Grenzen gewiesen werden. Das ist keine Unterdrückung, sondern beruhigt sie. Man darf damit auch nicht zu lange warten, sonst stehen sie zu sehr unter Spannung.

Frédéric: Viele Reiter haben ein Problem damit, die Reaktion und Kommunikation ihres Pferdes zu verstehen und rechtzeitig darauf zu reagieren. Sie benötigen oftmals zu viel Zeit, um die Signale der Pferde zu entschlüsseln. Das Pferd zeigt uns, dass ihm etwas schwerfällt oder dass es den Reiter, der zu viele oder zu unverständliche Dinge von ihm verlangt, nicht versteht. Es kann uns auch zeigen, dass es die Nase voll hat und nicht immer wieder dieselbe Übung machen möchte. Aber all diese Vorwarnungen des Pferdes, wie zum Beispiel unruhiges Schlagen mit dem Schweif, Knirschen mit den Zähnen oder ein hartes, angespanntes Maul werden oftmals vom Reiter nicht wahrgenommen. Daraufhin verweigert das Pferd bestimmte Dinge, weil dies die einzige Möglichkeit ist, sich Gehör zu verschaffen.
In diesem Augenblick denken viele Reiter: «Es macht sich über mich lustig».
Nein, das Pferd gibt uns ein Zeichen seines Unbehagens, und wir Menschen interpretieren dies als persönlichen Angriff. Dieser ärgert uns, und wir antworten: «He, du wirst schon sehen, mit wem du es zu tun hast.«
Das Gegenteil wäre richtig, man muss sofort aufhören und sich fragen, warum das Pferd seine Bewegungsfreunde und

Energie verloren hat und die Übungen immer schlechter werden. Wir sollten immer auf die Zeichen des Pferdes achten, sowohl während der Arbeit als auch im Stall. Ein Pferd, das in seiner Box völlig gestresst ist, hat vielleicht zu viel Durchgangsverkehr und Trubel um sich herum. Ein anderes ist antriebslos und hat schlechte Laune, nicht, weil es böse auf uns ist, sondern es fühlt sich vielleicht isoliert und ist deprimiert. Oder ist es krank? Sollte man es in eine andere Box tun? Kurz, wir sollten zunächst zu verstehen versuchen, warum das Pferd eine Übung verweigert, warum es ein bestimmtes Verhalten zeigt, statt uns darüber aufzuregen. Das Tier kommuniziert ständig. Wir sollten diese Signale lesen.

Ignorieren Sie Menschen, die sagen, das Pferd sei dumm oder wolle gewisse Dinge einfach nicht tun und man müsse ihm mit Gewalt zeigen, wo es langgeht. Falsch, wir sollten ihm vertrauen. Es hat gewiss Gründe für sein Verhalten, die wir erkunden sollten.

Das Pferd ist nicht launisch und möchte uns auch nicht ärgern.

Sein Verhalten zeigt uns, dass etwas nicht stimmt oder dass etwas passiert ist. Die Qualität unserer Beziehung hängt davon ab, ob wir die Informationen, die das Pferd uns gibt, erkennen und verstehen. In einer Beziehung muss man sehen, wenn es dem anderen schlecht geht, er deprimiert oder verängstigt ist. Diese Form von Aufmerksamkeit ist ganz wesentlich in unseren menschlichen Beziehungen und ebenso in der Beziehung zu unseren Pferden.

Agnès: *Ist Deine sensible und ständige Aufmerksamkeit bei allem was das Pferd tut, eine Art feines Band, das immer erneuert werden muss, um die Partnerschaft zu erhalten?*

Frédéric: Ja, erst dann ist es eine echte Beziehung. Es sind nicht einfach Gewohnheiten, die man in einem gewissen Augenblich auf eine bestimmte Art und Weise bei seinem Pferd abruft. Dies sind Automatismen, die wir alle aus Bequemlichkeit abspulen, um nicht darüber nachdenken zu müssen. Aber eine Beziehung geht über diese Gewohnheiten hinaus. Sie stellt Fragen, beispielsweise: Wie werden wir heute die Sache fortführen, die wir gestern begonnen haben? Was ist heute anders und warum? Das Problem der Gewohnheiten ist, egal wie man mit ihnen umgeht, dass man glaubt, achtsam zu sein, Dinge zu sehen, aber in Wirklichkeit nimmt man alles nur oberflächlich und zerstreut wahr. Es ist deshalb ein großes Problem, wenn man mit ein und demselben Pferd immer am selben Ort arbeitet. Man richtet sich in seinen Gewohnheiten ein und macht Fehler. Man merkt nicht, dass es dem Pferd schlecht geht. In einem anderen Kontext oder mit einem anderen Pferd würde uns dies sofort auffallen.
Man sollte sich im Idealfall immer einen frischen Blick auf die Welt bewahren und gegen diese Blindheit der alltäglichen Gewohnheiten kämpfen.
Selbst wir Profis sind oftmals besser mit fremden Pferden. Zu diesen Pferden haben wir mehr Abstand und sind aufnahmefähiger für ihre Signale. Bei ihnen lege ich wie selbstverständlich die richtigen Regeln fest, dosiere maßvoll meine Autorität und verlange auf korrekte Art und Weise eine dem Pferd entsprechende Arbeit.
Bei meinen Pferden, vor allem meinen Lieblingen, sind die Regeln nicht immer ganz so klar. Es gibt Gefühle, die eine große Rolle spielen, und meine guten Vorsätze gehen dabei manchmal verloren. So habe ich zum Beispiel ein ganz enges Verhältnis zu Fasto, aber ich muss zugeben, dass er eines meiner am schlechtesten erzogenen Pferde ist. Von Phoebus lasse ich mich manchmal anrempeln. Die Emotionen verstärken einerseits die Beziehung, aber ich verliere andererseits an Durchsetzungsvermögen und stelle weniger Anforderungen. Ich lasse manchmal völlig inakzeptable Dinge durchgehen, die meinen Grundsätzen widersprechen ... und lache dann darüber.
Mit diesen Pferden lebe ich die magisch-intuitive Seite einer Beziehung. Ich glaube, die ideale Beziehung befindet sich genau zwischen diesen beiden Extremen. Unsere Freundin Linda Tellington Jones gab mir eine gute Beschreibung des idealen Verhaltens: ein gutes, positives Gefühl haben, energetisch disponibel sowie geduldig und gerecht in seinen Anforderungen sein. Ganz egal, ob das Pferd sich dir gegenüber indifferent verhält oder dich berührt. Was für eine Aufgabe!

Agnès: *Wann fühlst Du Dich mit Deinem Pferd absolut verbunden? Was ist eine ideale Beziehung?*

Magali: Für unsere Aufführungen ist es wichtig, dass wir mit einem Pferd in die Manege kommen, mit dem wir spielen und in völliger Freiheit improvisieren können. Wir brauchen einen Grad der Verbundenheit, dass man sofort auf alles reagieren kann, was der andere vorschlägt. Wir fragen uns gegenseitig: «Willst du dies tun? Gute Idee, also los!» Wir tun dies mit tiefem Respekt und vor allem mit großer Freude.

In solchen Augenblicken wird man für all die gemeinsamen Jahre, die Geduld und das häufige Hinterfragen belohnt. Glücklicherweise kann diese Phase der tiefen Vertrautheit lange andauern. Bei Bando und Dao haben wir im Alter von sieben oder acht Jahren diese Reife in der Beziehung erreicht, und die Pferde haben bis ins hohe Alter von 20 Jahren an den Aufführungen teilgenommen!

Agnès: *Eure Pferde werden auch älter! Wie geht Ihr mit ihnen dann um und wie mit dem Tod?*

Magali: Wir spüren, wenn die Pferde immer weniger Freude an der Arbeit haben und müde werden. Diese Entwicklung ist nicht linear, aber die Tendenz dazu zeichnet sich über mehrere Monate oder Jahre hinweg ab. Um bei alten Pferden Bewegungsprobleme zu vermeiden, machen wir auch weiterhin Dressurübungen mit ihnen. Diese halten ihre Muskulatur und ihren Körper geschmeidig, ohne die Pferde zu überfordern. Die «alten Hasen» kennen ihre Lektionen, bei ihnen ist es wichtiger, ihre Beweglichkeit und Moral zu erhalten, als ihnen immer wieder die gleichen Figuren abzuverlangen. Trotzdem haben sie eines Tages keine Lust mehr zu arbeiten. Bei Templado fiel uns auf, dass er uns darum bat, nach Hause gehen zu dürfen. Andere Pferde möchten eher in Ruhe gelassen werden. Wir lassen sie dann mit ihren Freunden aus unserem Stall auf die Weide – nie mit fremden Pferden. Sie dürfen auch nicht zu weit von uns entfernt sein! Jeden Abend kommen sie zurück in den Stall, werden gestriegelt und von Zeit zu Zeit geritten, um noch eine Aufgabe zu haben, so wie die anderen Pferde auch. Sie zeigen uns, was sie noch können und gerne tun möchten.
In den ersten Monaten halten sie noch nach uns Ausschau und fühlen sich etwas untätig, aber dann gewöhnen sie sich rasch an ihre neues Leben. Sie verlieren allerdings schnell ihre physische Form. Auch geistig verändern sie sich und gehen etwas mehr auf Distanz, so wie ältere Menschen. Sie werden zu Einzelgängern, etwas kapriziös und auch mal mürrisch, sobald man ihre kleinen Marotten stört. Ab diesem Zeitpunkt lasse ich sie ganz und gar machen, was sie möchten: sie dürfen durch den Stall spazieren und alle necken, auf dem Rasen grasen, an unseren Tisch kommen und alles durcheinanderbringen, die Fohlen auf den Weiden besuchen und sich im Sand der Reitbahn wälzen. Sie leben ihr Leben ganz autonom, haben dabei meist gute Laune. In dieser letzten Lebensphase bemühen wir uns ganz besonders um sie und versuchen, sie glücklich zu machen.

Frédéric: Letzteres ist unser Leitmotiv in der Beziehung zu Pferden. Wir fragen uns, ob sie glücklich sind und sich entfalten können und nicht so sehr, ob sie unseren Erwartungen entsprechen. Denn nur ein glückliches Pferd wird sein Bestes geben.
Wir versuchen, auf ihre Bedürfnisse einzugehen, so wie sie auch auf die unsrigen eingehen. Uns ist bewusst, was wir von ihnen verlangen, vor allem während der internationalen Tourneen. Ich biete dem Pferd immer wieder an, das zu tun, was es tun möchte, was ihm Spaß macht und ihm entspricht. Wenn wir zusammen in der Manege sind, beobachte ich ihre kleinen Angewohnheiten. Manche wälzen sich gerne an einem bestimmten Ort, andere schnappen sich meine Peitsche oder steigen. Ich versuche, daraus eine Nummer zu machen. Wenn ich so arbeite, unterstreiche ich den Charakter der Pferde und fördere ihre Fähigkeiten. Ich habe immer begeisterte und glückliche Pferde, sowohl in der Manege als auch zu Hause. Und ich glaube, das spürt das Publikum, und es gefällt ihm viel mehr als ein erzwungenes Kunststück, bei dem das Pferd mit dem Schweif schlägt, mit den Zähnen knirscht und schließlich aggressiv wird. Eine Beziehung aufzubauen bedeutet also auch, das Pferd entsprechend seinen Fähigkeiten zu fördern und zu fordern. In allen andern Fällen benutzt man das Pferd nur, selbst wenn es virtuos aussehen mag.

V

Keyword:

GEDULD

Für Magali und mich spielt neben der Geduld auch die Zeit eine besondere Rolle, denn man muss warten können. Auch Selbstkontrolle und Selbstbeherrschung sind sehr wichtig. Diese ganz wesentlichen Aspekte des Reitens und des Umgangs mit dem Pferd geraten in unserer schnelllebigen Zeit allerdings allzu oft in Vergessenheit. Heutzutage muss alles schnell gehen, auch in der Pferdeausbildung. Das Pferd aber hat seinen eigenen biologischen Rhythmus und kann mit unseren Plänen, unseren Vorstellungen von wirtschaftlicher Rentabilität oder auch einfach zu viel Euphorie nichts anfangen. Ob man nun Produzent von Pferdeshows ist, ein Investor von einem Grand-Prix-Pferd oder Amateurreiter, der nur einmal pro Woche zu seinem Pferd fährt: In all diesen Fällen wird es an Geduld und Zeit für das Tier fehlen.

Für Menschen, die ständig in Eile sind, ist Reiten keine gute Beschäftigung. Ein Pferd, das uns als gestresst, ungeduldig und voller Erwartungen wahrnimmt, wird sofort unruhig. Das eine Tier verschließt sich, das andere wird keine Lust mehr haben, zu kooperieren. Die Ungeduld wird zu Konflikten führen, die das nächste Mal noch heftiger ausfallen. Wenn sie an Ihrem Verhalten nichts ändern, werden Sie sehr schnell in eine Spirale aus Misserfolg und Frustration geraten.

Es sollte eigentlich genau umgekehrt sein: Je weniger Zeit ich habe, desto geduldiger und achtsamer sollte ich sein. Aus eigener Erfahrung weiß ich, dass ich ohne Druck in kurzer Zeit viel mehr erreiche. Auch bei ganz wichtigen Ereignissen wie zum Beispiel einer Premiere, die in drei Tagen stattfinden soll und in die drei Millionen Dollar investiert wurden, bemühe ich mich, disponibel, aufmerksam und ganz präsent zu sein. Ich darf meine Ausgeglichenheit nicht verlieren. Je wohler das Pferd sich fühlt, voller Vertrauen und ohne Anspannung, desto besser kann es lernen und uns das geben, was wir von ihm erwarten. Auch muss man sich die Zeit nehmen, die einzelnen Stufen der Ausbildungsskala Schritt für Schritt zu realisieren, ohne einzelne Etappen zu überspringen. Je besser man dem Pferd die einzelnen Phasen erklärt und ihm die Zeit gibt, die neuen Informationen zu verarbeiten, desto schneller kann es sie später wiedergeben.

Unzählige Wiederholungen dagegen sind überflüssig. Wenn das Pferd sich nicht weiterentwickelt, hat es die Übung nicht verstanden, und wir sollten einen anderen Weg ausprobieren, um ihm eine Lektion beizubringen. Wir sollten uns Fragen stellen und uns selbst in Frage stellen, auch wenn wir nicht viel Zeit haben und der Stress immer größer wird. Manche Reiter kaufen sich ein Erfolg versprechendes Turnierpferd und fixieren Termine und Etappen, um ein bestimmtes Niveau zu erreichen. Doch das Pferd entwickelt sich nicht wie geplant. Dabei ist es weder dumm noch ängstlich, aber der Zeitplan und das Lehrprogramm entsprechen ihm einfach nicht. In diesem Fall muss man flexibel sein und eine andere Lösung finden.

Leider wird in solchen Fällen meist die Qualität des Pferdes infrage gestellt und nicht die Pädagogik des Reiters. Dann verschwinden diese oftmals brillanten Pferde von den Turnierplätzen und aus den Shows, weil der Mensch keine Lust hatte, sich dem Tempo des Pferdes anzupassen.

Wenn man schon einen Zeitplan aufstellt, sollte man mit wenig zufrieden sein, aber das Wenige gut machen. Wenn man zu schnell vorgeht und einzelne Etappen vernachlässigt oder feststellt, dass das Pferd sein Potential nicht entfalten kann, muss man zur Basisarbeit zurück.

Bei Pferden ist Zeit niemals vergeudet. Genießen Sie das Zusammensein mit ihnen. Wenn sie Freude an der Arbeit haben, werden sie schnell Fortschritte machen.

Frédéric Pignon

Keyword: KOMMUNIKATION

Kommunikation ist ein wichtiges Stichwort, ohne sie ist es unmöglich, eine tiefergehende Beziehung zum Pferd aufzubauen. Unsere beiden Arten der Kommunikation sind sehr unterschiedlich, und für uns ist es nicht leicht, sich dem Pferd verständlich zu machen oder umgekehrt, die Informationen, die das Pferd uns gibt, zu entschlüsseln.

Für das Verständnis ist es zunächst grundlegend, dass wir die Natur und die Bedürfnisse des Pferdes kennen. Wir sollten dazu das Einmaleins der Verhaltensforschung erlernen und vor allem die Kommunikation zwischen Pferden beobachten. Mithilfe dieser theoretischen Kenntnisse und unseren Erfahrungen werden wir im Laufe der Zeit selbst minimale Zeichen, mit denen die Pferde kommunizieren, interpretieren können.

Ein Ohr, das sich anders als gewöhnlich bewegt, eine Anspannung im Gesicht oder im Körper des Pferdes sagen uns immer mehr, je besser wir das Pferd kennen.

Um mit einem Pferd zu kommunizieren, muss man es beobachten, aber es braucht auch Empathie, also die Fähigkeit, sich an die Stelle des anderen zu versetzen, damit ich mich frage: Was würde ich von dieser Anweisung halten oder von der Situation, in der es sich befindet? Wie reagiere ich, wenn ich gestresst bin oder Schmerzen habe? Würde es mir gefallen, wenn man das, was ich gerade mit ihm mache, auch mit mir machen würde?

Die Ethologen mögen keine Anthropomorphismen*. Trotzdem finde ich es wichtig, sich in das Pferd hineinzuversetzen, um die Anforderungen, die man stellt, zu überprüfen und etwas nachsichtiger zu sein. Damit will ich nicht sagen, dass das Pferd eine Situation genauso erlebt wie wir. Aber durch Empathie werden wir uns eventueller Schwierigkeiten und Unstimmigkeiten bewusst, die wir den Pferden zumuten.

Anthropomorphismus liegt vielmehr in solchen Fällen vor, wenn jemand behauptet, das Pferd mache sich über einen lustig. Das Pferd hat es im Gegensatz zum Menschen nicht nötig, sich über uns lustig zu machen. Es will uns nicht schaden oder sich rächen, sondern drückt durch widerwilliges Verhalten nur Schmerz, Unverständnis oder Müdigkeit aus.

Die Schwierigkeit im Austausch mit dem Pferd besteht darin, präzise, genau und gerecht zu sein. Wir sollten unsere Wahrnehmung möglichst objektiv analysieren und uns um eine präzise Reaktion bemühen. Pferde reagieren sehr sensibel gegenüber Ungerechtigkeiten und können dagegen rebellieren. Sie merken genau, wenn man ihnen zuhört und ihre Signale entschlüsselt und reagieren darauf ganz wunderbar. Erst wenn die Kommunikation zwanglos und ehrlich verläuft, vertrauen sie uns und betrachten uns als wahre Partner. Dabei geht es nicht darum, ständig das zu tun, was sie möchten, aber wir sollten ihre Interessen, ihren Rhythmus und ihren Komfort – wie auch den unsrigen! – respektieren.

Je nach Pferd kann die Kommunikation mit ihm einfacher oder schwieriger sein. Dies lässt sich auch in der Herde beobachten: einzelne Pferde sind sehr expressiv, andere dagegen introvertiert. Dieses Verhalten zeigt sich dann auch in der Kommunikation mit dem Menschen. Doch selbst ein unsicheres Pferd, das anfangs eher schüchtern ist, kann kommunikativ werden, wenn es unsere Wertschätzung spürt und wir einen Dialog mit ihm suchen. Diesen Dialog zu beginnen, ist unsere Aufgabe – daraus kann sich ein großes Gespräch entwickeln.

Frédéric Pignon

* Der Begriff Anthropomorphismus (griech. *anthropos* ‚Mensch' und *morphe* ‚Form, Gestalt') bezeichnet das Zusprechen menschlicher Eigenschaften unter anderem auf Tiere.

Brief an Mandarin

Als Du geboren wurdest, träumte ich schon seit längerem von einem isabellfarbenen Pferd. Ich sagte zu meinen Eltern: «Dieses Pferd ist für mich. Ich werde ihn Mandarin nennen». Damals wusste ich noch nicht genau, welchen Weg wir einschlagen würden, aber ich hatte mich sofort in Dich verliebt.

Bis zu Deinem zweiten Lebensjahr ließ ich Dich in der Herde. Erst dann begann ich, Dich für die Präsentationen der Jungpferde vorzubereiten. Ab diesem Moment wurde mir klar, dass Du für die freie Entfaltung Deiner Talente viel Geduld und Kreativität meinerseits brauchen würdest.

Auf den ersten Blick schienst Du brillant zu sein, aber ich spürte, dass Du Dich zurückhieltest, dass Du noch viel mehr konntest. Damit du dich wirklich entfalten konntest, sind wir Wege gegangen, die viele Reiter vielleicht als lächerlich bezeichnen würden. Schon beim Einreiten warst Du sehr empfindsam und kommunikativ und machtest ein kleines Geräusch, wenn du Verspannungen im Rücken und Nacken hattest. Wir mussten zweimal pro Woche Deinen Sattel neu anpassen, Dich massieren, Gymnastik mit Dir machen und Deine Trainingszeit beschränken. Ich versuchte, meinen Sitz ständig neu auf Dich anzupassen und weich mit Dir mitzuschwingen, da Du so außergewöhnlich sensibel warst. Kurz, wir achteten ständig darauf, was Du uns mitteilen wolltest, um mit viel Geduld eine Form des Reitens zu finden, die zu Dir passte.

Deine Sensibilität und Lernbereitschaft haben Dich zu einem exzellenten Reitpferd gemacht, mit dem ich seit nunmehr zehn Jahren zusammenarbeiten darf. Jedes weitere Jahr mit dir ermöglichte mir ein tieferes Verständnis der Funktionsweise des Pferdes, schärfte meine Wahrnehmung und ließ mich kreative Lösungen suchen. Kein anderes Pferd forderte so viel Aufmerksamkeit, Sensibilität und Aufopferung von mir wie Du es tatest.
Die meisten waren eher nachsichtig mit mir und haben mich niemals so herausgefordert wie Du es getan hast. Du hast mir den Weg zur wahren Reitkunst gezeigt und mein Gefühl für Gleichgewicht und Leichtigkeit geschult. Heute bin ich endlich auf Deinem Niveau angekommen, und wir sind nach einem Jahrzehnt gemeinsamer Anstrengungen und gegenseitiger Zuneigung endlich das Paar, von dem ich schon bei Deiner Geburt geträumt habe.

Indem ich Deine Verwirklichung förderte, fand ich dank Deiner Hilfe auch meinen eigenen Weg.

Magali

Wie kaum ein anderes Paar ergänzen sich Magali und Frédéric tagtäglich in ihrem gemeinsamen Leben mit den Pferden. Wenn man sie fragen würde, so könnten sie nicht sagen, dass sie es als Arbeit ansehen. Ihr Leben ist für sie eher ein aussergewöhnliches Privileg – das tun zu können, was beide am meisten lieben, mit den Pferden zu sein. Egal, ob dies ein Ausritt in die nahe Umgebung der Stallungen ist, im goldenen Licht der Provence oder ein Auftritt bei einer Galashow.

Sie lachen und freuen sich wie Kinder, über alle Erfolge und Glücksmomente, und nehmen sich in den Arm, wenn sie trauern. Ihre Liebe zueinander und zu den Pferden ist allgegenwärtig.

VON AGNÈS GALLETIER

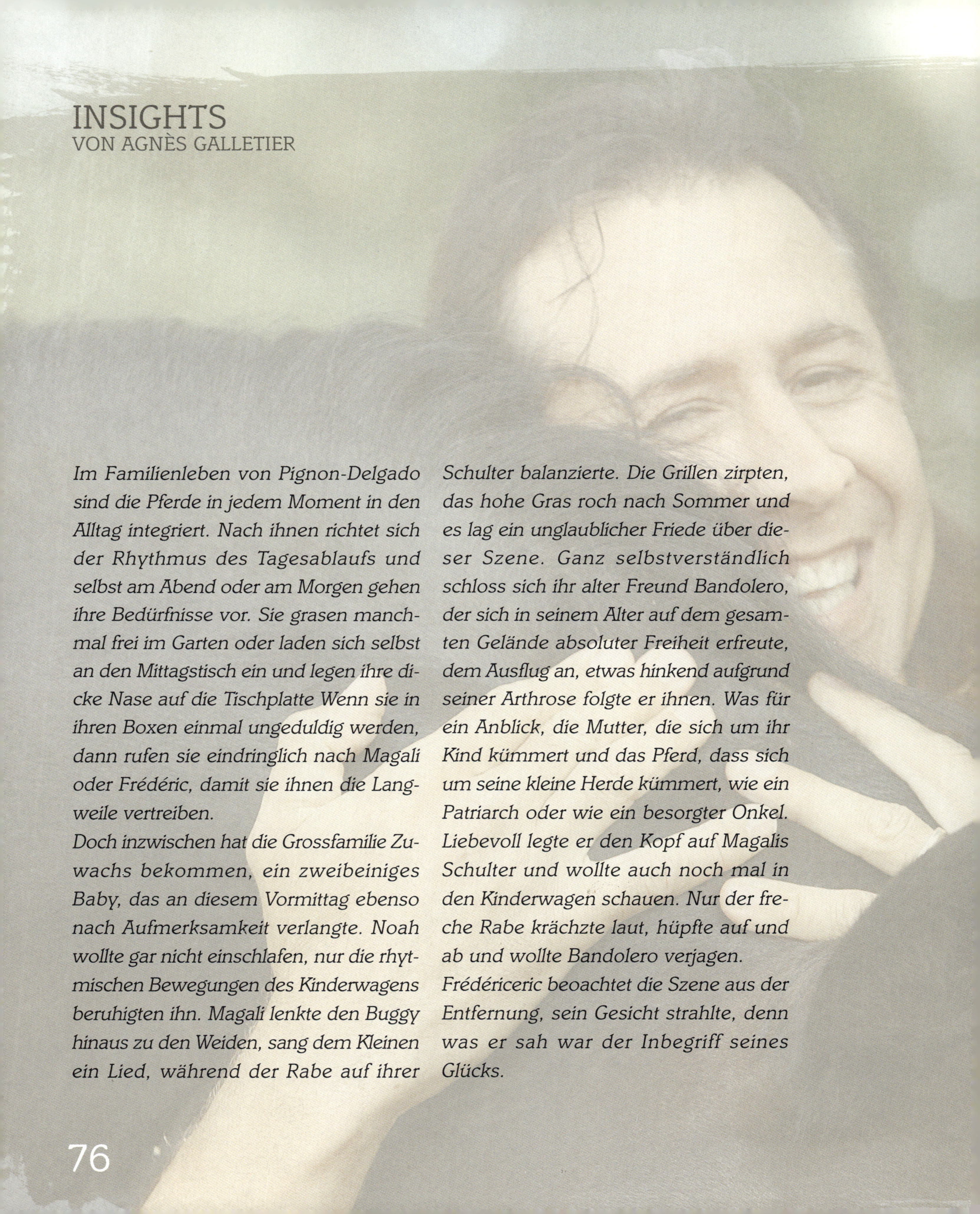

Im Familienleben von Pignon-Delgado sind die Pferde in jedem Moment in den Alltag integriert. Nach ihnen richtet sich der Rhythmus des Tagesablaufs und selbst am Abend oder am Morgen gehen ihre Bedürfnisse vor. Sie grasen manchmal frei im Garten oder laden sich selbst an den Mittagstisch ein und legen ihre dicke Nase auf die Tischplatte Wenn sie in ihren Boxen einmal ungeduldig werden, dann rufen sie eindringlich nach Magali oder Frédéric, damit sie ihnen die Langweile vertreiben.

Doch inzwischen hat die Grossfamilie Zuwachs bekommen, ein zweibeiniges Baby, das an diesem Vormittag ebenso nach Aufmerksamkeit verlangte. Noah wollte gar nicht einschlafen, nur die rhytmischen Bewegungen des Kinderwagens beruhigten ihn. Magali lenkte den Buggy hinaus zu den Weiden, sang dem Kleinen ein Lied, während der Rabe auf ihrer Schulter balanzierte. Die Grillen zirpten, das hohe Gras roch nach Sommer und es lag ein unglaublicher Friede über dieser Szene. Ganz selbstverständlich schloss sich ihr alter Freund Bandolero, der sich in seinem Alter auf dem gesamten Gelände absoluter Freiheit erfreute, dem Ausflug an, etwas hinkend aufgrund seiner Arthrose folgte er ihnen. Was für ein Anblick, die Mutter, die sich um ihr Kind kümmert und das Pferd, dass sich um seine kleine Herde kümmert, wie ein Patriarch oder wie ein besorgter Onkel. Liebevoll legte er den Kopf auf Magalis Schulter und wollte auch noch mal in den Kinderwagen schauen. Nur der freche Rabe krächzte laut, hüpfte auf und ab und wollte Bandolero verjagen.

Frédériceric beoachtet die Szene aus der Entfernung, sein Gesicht strahlte, denn was er sah war der Inbegriff seines Glücks.

KAPITEL 3
Zusammen wachsen

„Das Pferd zeigt uns den Weg der Weisheit,
aber wir müssen diesen Weg auch
beschreiten wollen.“

Frédéric Pignon

Magali Delgado   Frédéric Pignon

Agnès: *Magali, „Bandolero“ begleitet dich immer, als wäre er ein Mitglied der Familie, wie fühlt sich das an?*

Magali: Er ist ein Familienmitglied! Und er ist einer der ältesten. Er darf mich begleiten, wann immer er möchte, denn jetzt ist er in Rente, und ich lasse ihn sein Leben leben. Er darf sich auch dem Kinderwagen nähern, denn ich kenne ihn bestens und kann seine Reaktionen voraussehen. Er weiß genau, was er macht. Diese Szene gerade ist für uns normal. Wir wollen, dass unsere Pferde glücklich sind und erlauben ihnen Unabhängigkeit, Eigeninitiative und Nähe zu uns. Wieso sollte ich ihm also verbieten, wie ein Hund den Kinderwagen zu begleiten? Die Pferde haben uns beigebracht, cool zu bleiben, jede Situation so zu nehmen, wie sie ist und das Beste daraus zu machen.

Agnès: *Haben die Pferde Euch viel gelehrt, in Bezug auf Euer Leben?*

Magali: Ja, sie haben unser Leben ganz und gar verändert! Ich bin eher eine aufbrausende Natur, der alles unter die Haut geht. Die Pferde haben mir mit der Zeit zu mehr Ruhe, Abstand, Anpassungsfähigkeit und Geduld verholfen. Ich habe gelernt, stressfreier zu leben, zu akzeptieren, dass vieles nicht läuft, wie ich es geplant oder mir vorgestellt habe. Unsere Pferde erteilen uns jeden Tag eine Lektion, sie fordern uns auf, nachzudenken, uns in Geduld zu üben und uns anzupassen. Sie brauchen das, um glücklich zu sein und ihre Arbeit gut zu machen, also haben wir gar keine Wahl! Wenn du mit deinen Gefühlen nicht umgehen und dich nicht beherrschen kannst, wenn du nicht hinhörst, kommst du mit deinem Pferd nicht weiter. Hast du einmal sein Vertrauen gewonnen, sodass es sich frei entfaltet, wirst du nicht dadurch alles zunichte machen wollen, indem du deine schlechte Laune an ihm auslässt. Um das Beste von deinem Pferd zu bekommen, um sein Vertrauen und seine Motivation zu bewahren, musst du mit der Zeit lernen, dich nicht aufzuregen, Probleme zu umgehen, Abstand zu gewinnen, um später mit mehr Ausgeglichenheit wieder anzufangen.

Agnès: *Veränderte sich durch den Einfluss der Pferde auf Eure persönliche Entwicklung auch das Verhältnis zu anderen Menschen?*

Magali: Natürlich, sogar mehr, als wir uns dies jemals hätten vorstellen können. Früher habe ich mich sehr schnell aufgeregt, bin wütend geworden und habe Dinge gesagt, die verletzend waren. Heute höre ich mir zunächst an, was der andere sagt, und ich beobachte die Situation. Ich nehme mir Zeit zum Überlegen und versuche meine Gefühle zu klären. Erst dann komme ich auf das Problem zurück.
Ich habe auch gelernt, den anderen so zu nehmen, wie er ist und ihn durch Empathie und Intuition zu verstehen – so wie ich es auch bei den Pferden mache. Dies hat zur Folge, dass ich die Leute schneller einschätzen kann und ihre wahre Persönlichkeit und Intentionen erkenne.
Darüber hinaus haben die Pferde uns gelehrt, die Dinge im Leben so zu akzeptieren, wie sie sind, mit all ihren Höhen und Tiefen, selbst wenn es manchmal lange dauert, bis etwas Schönes geschieht. Wir haben unsere grundlegenden Erwartungen, unsere Ziele beibehalten, aber wir versuchen auf unserem Weg dorthin ruhig zu bleiben und uns

keine starren Fristen aufzuerlegen.
Dies bedeutet jedoch nicht, nachlässig zu werden und ohne jede Strenge zu agieren.
Man darf niemals unnötige Risiken eingehen und muss immer einen Rahmen, eine mentale Struktur bei den Pferden bewahren. Dies ist vor allem deshalb wichtig, weil die meisten unserer Pferde Hengste sind, die ständig ihre Grenzen suchen, die sie nicht überschreiten dürfen.
Dank dieses Gleichgewichts zwischen Ansprüchen und Geduld, Strenge und Offenheit haben wir eine neue Lebensphilosophie entwickelt und mehr Qualität in der Beziehung zum Pferd gewonnen. Vielleicht haben wir dafür etwas an sportlicher Leistung verloren ... je nachdem, was man darunter versteht. Manche Leute befürchten, dass ihre Pferde sportlich nicht leistungsfähig bleiben, wenn sie eine respekt- und gefühlvolle Verbindung mit ihnen suchen und bauen deshalb lieber eine Barriere zwischen sich und ihren Pferden auf. Für andere bedeutet dieser emotionale Weg einfach einen Zeitverlust und eine Quelle von Fragen und Zweifeln, mit denen sie sich nicht belasten möchten. Sie fühlen sich durch bestandene Prüfungen bestätigt und merken nicht, dass sie ihren Partner dadurch zu einer Maschine machen. Es gibt wohl auch Reiter, die fürchten, ihre Macht über dieses edle und kraftvolle Tier zu verlieren, sodass sie es lieber unterwerfen.

Frédéric: Man darf nicht glauben, dass der Kontakt zu Pferden die Menschen automatisch zu besseren Wesen macht. Diejenigen, die sich menschlich weiterentwickeln möchten, tun dies so oder so, egal, ob sie Kontakt zum Pferd haben oder nicht. Ich bin jedoch davon überzeugt, dass das Pferd uns schneller bestimmte Prozesse bewusst macht und uns lehrt, loszulassen.
Es fordert von uns Geduld, Aufmerksamkeit, Selbstbeherrschung, die Fähigkeit zur Hinterfragung und Empathie. In gewisser Weise machen wir uns durch die Beziehung zum Pferd auf den Weg der Weisheit. Man muss aber auch bereit für diesen Weg sein.
Ist man dies nicht, versucht man vielleicht, Macht über das Pferd auszuüben, noch autoritärer und schroffer zu sein.
In der Pferdewelt gibt es wunderbare Menschen, aber auch ganz verbitterte Leute, die sich niemals in Frage stellen und die keinen Spaß mehr an dem haben, was sie tun. Der ganze Verwaltungsaufwand eines großen Stalls, der ökonomische Druck, die soziale und intellektuelle Isolation, die dieser leidenschaftliche Beruf mit sich bringt, haben die Neugier und Frische dieser Menschen zerstört.
Ich selbst habe Phasen, in denen ich aufnahmefähiger bin als in anderen, aber das Pferd berührt mich immer noch sehr und mit der gleichen Intensität wie am Anfang. Es hat mich sozialisiert, denn ich war ein schrecklicher Einzelgänger. Es hat mir geholfen, Menschen zu mögen, denn ich bemühe mich, alle Pferde, mit denen ich arbeite, zu lieben, auch diejenigen, die ich nicht sonderlich anziehend finde. So habe ich gelernt, die positiven Aspekte einer Person zu sehen und den Fortschritten und Gemeinsamkeiten eine größere Bedeutung zu geben als den Konflikten oder Unstimmigkeiten. Die Realität bleibt dieselbe, aber Dank dieser Lebenseinstellung, die ich durch die Arbeit mit den Pferden entwickelt habe, konnte ich mich den Menschen mehr öffnen und sie so akzeptieren, wie sie sind.

Agnès: *Verändert sich das Pferd selbst im Kontakt mit dem Menschen?*

Magali: Glückliche Pferde, die geliebt werden, scheinen aufzublühen. Ihre Persönlichkeit entfaltet sich und gewinnt an Ausstrahlung, so wie bei jedem Wesen, das sich angenommen fühlt. Ihr Blick verändert sich und wird immer aufmerksamer, sie kommunizieren viel und versuchen ihre Wünsche und Gefühle auszudrücken. Einzelne unter ihnen offenbaren sich schneller als andere.

Manchmal muss man den ganz schüchternen unter ihnen erklären, dass sie das Recht haben, sich auszudrücken.
Es gibt auch Pferde, die ihre Persönlichkeit völlig verändern.
Mandarin war am Anfang ein ganz verträumtes, eher mürrisches Pferd, das im Laufe unserer Beziehung enthusiastisch, extrovertiert und zärtlich geworden ist.
Im Gegensatz dazu wird ein Pferd, dessen Kontakt zum Menschen negativ ist, das unter Zwang arbeiten und sich unterordnen muss, oftmals indifferent oder aggressiv, manchmal erlischt seine Persönlichkeit regelrecht. Wenn wir auf seinem Rücken sitzen, kann es fast alles ertragen, aber sobald wir neben ihm stehen, flüchtet es vor uns.
Pferde, die sich verstanden fühlen, übernehmen Eigeninitiative, werden autonomer, kreativer und mutiger. Pferd und Mensch beeinflussen sich natürlich gegenseitig, aber man kann wohl nicht sagen, dass das Pferd durch den Kontakt zum Menschen besser wird. Es verbessert sich durch eine schöne Beziehung.

Frédéric: Ich bin mir sicher, dass der Mensch das Pferd verändert. Im Guten wie im Schlechten. Der Mensch kann eine der wichtigsten Emotionen, die Angst, die tief in der Natur des Beutetiers Pferd verankert ist, beeinflussen. Wenn es dem Menschen gelingt, durch Zuhören, nachvollziehbares Verhalten und natürliche Autorität das Pferd zu beruhigen, ihm seine Angst zu nehmen, kann sich das Pferd von seinem schlimmsten Feind befreien und sich frei entfalten. Diese Pferde sind in der Lage, zu überlegen, auszuwählen und können sich dadurch behaupten.
In der Natur sind die Pferde, die am besten mit Stress umgehen können, die Leittiere, die ängstlichen folgen ihnen.
Wenn es dem Pferd gelingt, seine Ängste zu kontrollieren und mit Ereignissen gelassen umzugehen, ist dies eine der besten Veränderungen in seinem Leben. Hilft ihm der Mensch dabei, wird die Bindung zu ihm besonders stark und intensiv.

Agnès: *Gibt es gewisse Pferde, die Euch enttäuscht haben?*

Frédéric: Nein, das Pferd kann mich nicht enttäuschen. Manche Leute sind vielleicht enttäuscht, wenn sie nicht das erreichen, was wir nach unseren menschlichen Kriterien von ihm erwarten.
In diesem Fall ist das Risiko der Enttäuschung groß. Im intensiven Austausch mit den Pferden kann es passieren, dass man eine tiefe Verbundenheit und Aufmerksamkeiten erwartet, die hier fehl am Platz sind. Ein Pferd bleibt ein Pferd, es kann uns nur das geben, was es hat und es wird immer seiner eigenen Logik und seinen Prioritäten folgen. Als Spezies, die weit von uns entfernt ist, gilt es bereits als großer Erfolg, wenn wir eine seiner Prioritäten werden.
Durch einen kleinen Zwischenfall, in dem es instinktiv reagiert, sind wir aber möglicherweise für kurze Zeit unwichtig für das Tier. Einige Menschen sind in solchen Augenblicken enttäuscht und empfinden dies als Treuebruch.
Seien Sie also vorsichtig mit Ihren Erwartungen, und gehen Sie nicht automatisch davon aus, auf Ihre emotionalen Investitionen etwas zurückzubekommen. Das Wesentliche bleibt der Aufbau einer Beziehung, und all das, was sie uns beibringt. Wir sollten versuchen, die gemeinsam verbrachte Zeit zu genießen und von ihr zu profitieren, statt das Pferd verändern zu wollen oder unsere Anthropomorphismen auf das Tier zu projizieren. Wichtig ist, dass wir uns gegenseitig Freunde bereiten und uns durch unser Verhältnis weiterentwickeln, kreativ bleiben und uns Positivem zuwenden.
Die Beziehung zum Pferd kann uns als Mensch reifen lassen und gibt dem Pferd die Möglichkeit, sich zu entfalten. Aber wir sollten stets im Hinterkopf behalten, dass wir grundlegend unterschiedliche Wesen sind – und genau das macht das gemeinsame Abenteuer so spannend!

Keyword: OFFENHEIT

Wenn wir dem Pferd, uns und der Beziehung die Möglichkeit der Entwicklung geben wollen, müssen wir offen bleiben. Ich benutze dafür oft das Bild einer Tür, die sich zum anderen hin öffnet, sowohl physisch als auch mental, sodass man immer das Gefühl hat, alles ist möglich.

Wenn man bei seinen Prinzipien bleibt, auf seine oder fremde Gedankensysteme beharrt, bleibt die Beziehung zum Pferd abgetrennt, eingeschränkt und ohne Überraschungen.

Ich versuche jeden Tag, alles systematisch in Frage zu stellen, um die Tür für eine Weiterentwicklung zu öffnen. Nur so kann ich das, was das Pferd oder die Lebensumstände uns vorschlagen, wahrnehmen.

Wenn wir in unserem Alltagstrott, unserer Konditionierung verhaftet bleiben, ist ein lebendiger, kreativer Kontakt zum Pferd nicht möglich, wir werden es nicht so kennenlernen, wie es ist. Leider gibt es in der Pferdewelt viele Menschen, die nicht offen sind.

Magali und ich sind im Laufe der Zeit mit den glücklichen und unglücklichen Erfahrungen keine Fatalisten geworden, aber wir wissen, dass der Einfluss auf unser Schicksal gering ist. Wir haben uns eine neugierig-amüsierte Grundhaltung gegenüber all den Dingen angeeignet, die passieren und die wir nicht vorgesehen haben. Wir haben aufgehört, alles kontrollieren zu wollen. Vielmehr begleiten wir unsere Pferde in dem, was sie uns vorschlagen. Auf diese Art habe ich Dao als Pferd für das Kunstreiten ausgewählt. Er ist Schritt für Schritt zum wichtigsten Dressurpferd von Magali geworden. Ich kann Ihnen nicht sagen, wie es dazu kam. Es gab keine bewusste Entscheidung darüber. Wir haben einfach das zugelassen, was schon da war.

Offenheit bedeutet für mich auch, ganz im Einklang mit sich selbst zu sein – mit unseren tiefsten Bestrebungen, aber auch mit seinem Gegenüber und dem Leben. Dies alles ohne Vorurteile und dem aufrichtigen Wunsch, möglichst gerecht zu sein. Natürlich auch in der Hoffnung, auf dem richtigen Weg zu sein. Wir müssen diese Offenheit pflegen, um dem Pferd gegenüber gerecht sein zu können, damit es uns positiv verändert, damit das Leben uns erlaubt, voranzukommen und wir kreativ und begeisterungsfähig bleiben. Zur Offenheit gehört die Akzeptanz des Unbekannten, des Unvorhersehbaren, und das Bedürfnis, die Augen gegenüber allem, was passiert, offen zu halten. Nur so können wir auf den richtigen Weg gelangen.

In diesem Zustand der Offenheit kann die Magie ihr Werk vollenden.

Frédéric Pignon

Keyword: STRENGE

Mit Pferden entspannt und in Freiheit zu arbeiten bedeutet nicht, dass wir unklar in unseren Anweisungen wären oder keine Ansprüche an sie stellen würden. Ganz im Gegenteil! Wir dressieren Hengste und fordern sie dazu auf, Initiative zu ergreifen und sich autonom zu verhalten. Wir als Mensch bleiben aber immer Herr der Situation und achten auf jedes kleine Zeichen, das einen Konflikt oder eine Verstoß gegen unsere vereinbarten Regeln darstellt. Wenn wir ihre Box betreten, um sie zu striegeln, bis zu dem Moment, in dem wir den Sattel herunternehmen oder sie in den Paddock bringen, sind wir zu hundert Prozent da und bei ihnen. Wir achten auf ihren Ausdruck und ihre Mimik. Nur dann hören sie uns zu, respektieren uns und sind offen für unsere Vorschläge, statt sich für andere Pferde zu interessieren oder uns auf die Füße zu treten.

Man muss den ganzen Tag lang jeden Augenblick aufmerksam, ja, „streng" sein, was nicht einfach ist. Für uns ist dies mit der Zeit etwas ganz Normales geworden. Ein Bereich in unserem Gehirn funktioniert wie der eines Pferdes, er ist immer allgegenwärtig, in permanenter Interaktion mit dem Rest der Herde.

Diese Strenge oder Aufmerksamkeit beruhigen die Pferde in mehrfacher Hinsicht: einmal fühlen sie sich vom Menschen ebenso verstanden wie von einem Mitglied ihrer Herde. Dazu kommt, dass dieser Mensch sie führt, beschützt und beruhigt. Die Anspannung fällt von ihnen ab, Vertrauen stellt sich ein. Die Pferde wissen, was sie zu tun haben, was man von ihnen erwartet und wo ihr Platz ist. Sie verhalten sich so wie in ihrem natürlichen sozialen Umfeld. In ihrer Herde sind die Pferde untereinander ebenfalls sehr streng oder vielmehr aufmerksam. Schon bei den Fohlen wird darauf geachtet, dass sie die Regeln der Gruppe und die einzelnen Individuen respektieren. Genau diese Strenge ist wichtig für die Arbeit mit dem Pferd. Egal, ob es sich um die Arbeit an der Hand mit einem Fohlen oder um eine komplexe Lektion beim Reiten handelt. Während der gesamten Übungszeit habe ich ein klares Ziel vor Augen und kenne die einzelnen Phasen auf dem Weg dorthin. Ich gebe dem Pferd also einen strengen, aber freundlichen Arbeitsrahmen vor, in dem es Fortschritte machen und sich entfalten kann.

Bei Hengsten muss man noch etwas konsequenter sein, da sie sich schneller und heftiger aufregen können. Sie versuchen immer zu provozieren, um dann die Oberhand zu gewinnen. Das ist für sie selbst nicht immer vorteilhaft. Gerade sensible Hengste haben ihre Emotionen und Instinkte schnell nicht mehr im Griff und erreichen dann ein Stadium, in dem sie sich nicht mehr kontrollieren können – selbst bei Ereignissen, die ihnen Angst machen oder Schmerzen hervorrufen. In diesem Zustand stellen sie ein Risiko für sich selbst und ihre Umgebung dar. Es ist daher besonders wichtig, ihnen einen klaren Rahmen zu geben. Dieser wird jedoch nicht mit grausamer Härte, sondern mit liebevoller Strenge überwacht, sodass die Hengste sich beruhigen können.

Man kann auch lustig sein und sich mit ihnen amüsieren, aber man sollte stets darauf achten, nicht ihre Aufmerksamkeit zu verlieren. Kleine Anzeichen müssen wir sofort erkennen und beantworten, so wie das Pferde untereinander auch tun.

In meinen Kursen stelle ich immer wieder fest, dass diese Form der Strenge für das Pferd sehr förderlich ist, die Menschen aber leicht überfordert, da man zu hundert Prozent da sein muss. Doch diese Forderung der Pferde nach Aufmerksamkeit ist für uns auch eine Chance. Wir haben die Möglichkeit, uns dadurch von unseren Alltagssorgen und all den Gedanken, die uns ständig durch den Kopf gehen, zu distanzieren. Wenn wir mit den Pferden zusammen sind, sind wir einfach nur da, und zwar so, wie wir sind. Dies ist auch für uns ein angenehmes Gefühl des «Loslassens«, das notwendig ist, um danach wieder ausgeglichener in die Welt zu treten.

Magali Delgado

Brief an Dao

Diese Geschichte ist fast zu schön, um wahr zu sein. Du hast mein Leben für immer verändert. Dein starker Charakter und Deine Entschlossenheit haben mein Gefühl in der Arbeit mehr gefördert als irgendetwas sonst. Du hast meine Fehler mit Feingefühl bestraft. Meine Exzesse hast Du nicht toleriert. Mit der Zeit hast Du mir zu verstehen gegeben, wie ich mit Dir sprechen soll. Ich gab Dir den Kosenamen »mein edler Herr« (Mon Seigneur). Deine Geduld bildete die Grundlage meiner Erfahrungen. Immer näherte ich mich dir mit tiefem Respekt. Dein zärtlicher Blick bewegte mich tief. Deine Augen waren für mich der Spiegel unserer Beziehung, und ich wollte dich glücklich sehen. Wir haben viel Freude miteinander geteilt! Jede Vorstellung mit Dir zählt zu den unvergesslichen und zeitlosen Augenblicken meines Lebens, die ich ganz und gar genossen habe.

In Momenten der Zweisamkeit sind wir ohne Sattel und Zaumzeug über die Felder galoppiert, Haare und Mähne im Wind. Wir waren überglücklich, und es war nicht klar, wer diesen feurigen Tanz dirigierte. Wer entschied, wann wir uns drehten, anhielten oder rückwärts gingen? Unmöglich zu wissen … Bedeutet dies, ein Zentaur zu sein?

Dao, ich danke Dir für diese intensiven Augenblicke, die nur wenige Reiter in ihrem Leben erleben dürfen und die der Ausdruck einer tiefen, schönen Beziehung sind.

Du hast mein Leben geprägt, so wie Deine Hufe einen Abdruck auf der Weide hinterließen. Das Geräusch Deiner Hufe auf dieser Erde wird ewig in meinem Herzen bleiben.

Magali

Das strahlende Lächeln von Magali, als sie ihren Kopf an Daos Wange legt, zeigt die tiefe Freude, ihrem Pferd so nahe zu sein. Sie genießen beide den Moment und die Unbeschwertheit des Augenblicks. Magali setzte ihr absolutes Vertrauen in ihn, dass er keinen Fußtritt machen würde, der ihr schaden könnte.

Was für eine Verbundenheit und Liebe herrscht zwischen den Beiden, die sich tatsächlich ohne Worte verstehen.

Templado war ohne Zweifel das wichtigste und einflussreichste Pferd in Frédérics Leben. Als ich Frédéric zum ersten Mal traf, hat er mir sofort von ihm erzählt, von ihrer engen Beziehung und dem Abschied des Pferdes nach langer Krankheit. Man spürte seine Traurigkeit, vermischt mit Dankbarkeit und Liebe. Doch es war so klar, dass ihm etwas fehlt und dass er zugleich mit einer unendlich großen Zärtlichkeit an sein Pferd dachte.

Gabriele wusste nur zu gut, um seinen Schmerz und nach einigem Zögern, nicht wissend wie er ihr Geschenk aufnehmen würde, überreichte sie ihm ein grosses Leinenbild von Templado. Darauf laufen die Beiden Schulter an Schulter durch ein blühendes Rapsfeld, schwerelos. Sie scheinen wie zwei Kinder, die lachend ein Wettrennen veranstalten. „Templados" Mähne umwehte Frédéric und es schien, als wäre die Zeit in diesem Augenblick stehen geblieben. Doch Frédéric erstarrte, als das Bild ausgerollt wurde und eine Welle des Schmerzes übermannte ihn, seine Augen verdunkelten sich und man spürte wie sein Herz trauerte. Eine Woge der Erinnerung überflutete ihn, er konnte nicht sprechen und versuchte sich zu fassen. Trotzdem bedankte er sich bei Gabriele, die ebenso wie Magali kaum die Tränen zurück halten konnte. Frédéric drehte sich dann um und ging zu seinen Pferden.

So schmerzlich dieser Moment war, den ich da erleben durfte, forderte er geradezu Fragen zum Thema der Trennung und des Verlustes heraus. Ich wollte verstehen, wie diese beiden Menschen mit diesen schwierigen Momenten, die im Leben jedes Pferdemenschen auftauchen, mit Abschied und mit Tod umgehen.

KAPITEL 4

Sich verlieren und wiederfinden

„Das Pferd entfernt sich und entzieht
sich der Beziehung, weil es mit dem,
was wir ihm in diesem Augenblick anbieten,
nichts anfangen kann.“

Frédéric Pignon

Frédéric kann sich genau an diesen Moment erinnern, an einen regenfeuchten Morgen, an dem noch etwas Nebel über den Wiesen lag.
Templado genoss seine Freiheit, das Spiel mit „seinem" Menschen und Freund. Beide liefen sie nebeneinander durch das nasse Gras, sie flogen dahin im gleichen Herzschlag, machten einen Wettlauf, den nur einer gewinnen konnte. Es war der Moment der zählte, der Augenblick.

Heute ist dieser Moment eine kostbare Erinnerung, eine glitzernde Perle, aufgezogen am Strang der Vergänglichkeit. Doch was nicht vergeht, ist das Glücksgefühl, das sich unauslöschlich in die Seele Frédérics eingebrannt hat. Er braucht nur die Augen zu schließen und er kann es fühlen. Templado lebt in seinem Herzen weiter.

Agnès: *Bist Du immer noch traurig und fühlst Dich verletzt, wenn Du ein Foto von Templado und Dir siehst?*

Frédéric: Ja, weil diese Trennung für mich lange Zeit unfassbar schien. Wenn er nicht so lange krank gewesen wäre, und wenn ich nicht bis zum Schluss bei ihm hätte bleiben können, wäre es für mich noch viel schwieriger gewesen, diesen Verlust zu akzeptieren.

Mit der Zeit, mit einer gewissen Reife und Lebenserfahrung, habe ich diese letzte Etappe schließlich annehmen können. Ich habe viel nachgedacht und glaube heute, dass mit seinem Tod nicht alles zu Ende und nicht alles zerstört ist. Und selbst wenn das Ende tragisch ist, war es diese schöne Beziehung doch wert, gelebt zu werden.

Der Abschied von Templado war sehr einschneidend, aber ich habe diese Krise in meinem Leben überwunden; trotz aller Verzweiflung und dem Gefühl der völligen Zerstörung. Seit dieser Zeit weiß ich, welches Risiko ich mit einer neuen Beziehung eingehe, und mir ist die Möglichkeit von Verlust und Tod bewusst. Das war in jungen Jahren nicht so.

Aber dieses Wissen führt auch zu einer neuen Art von Aufmerksamkeit. Jede Beziehung wird dadurch einzigartig, unersetzbar, magisch. Tod und Trennung sind ein Teil davon.

Jetzt, da ich gelernt habe, dies zu akzeptieren, erhält jede Beziehung ihre ganz eigene Tiefe und Bedeutung.

Seit dem Tod von Templado messe ich jedem gemeinsam erlebten Augenblick und jedem neuen Lebensabschnitt eine viel größere Bedeutung bei.

Doch man trauert nicht bei jedem Pferd gleich intensiv. Bei 40 Pferden, die man im Laufe der Jahre nacheinander verliert, wäre das ein bisschen masochistisch!

Heute gehen wir mit der Trauer anders um. Wir haben sie ein wenig gezähmt, sodass wir mit ihr leben können.

Wir sind davon überzeugt, dass es ganz wichtig ist, die Pferde auf ihrem Weg bis zum Schluss zu begleiten. Man muss Verantwortung übernehmen, da sein und alles Erdenkliche tun, damit das Ende für unseren Gefährten unter bestmöglichen Umständen verläuft. Danach sind wir zwar traurig, aber im Frieden mit uns selbst.

Diese Erfahrung hat Magali gerade mit ihrem Pferd Dao gemacht, den wir nach 20 wunderbaren Jahren verloren haben.

Agnès: *Magali, wie war das mit Dao? Wie hast Du sein Altern und seinen Tod erlebt?*

Magali: Das Wichtigste für mich war, dass er sich nicht im Stich gelassen fühlte, dass er bis zum Schluss umsorgt wurde und glücklich sein konnte, selbst mit seiner Krankheit und im Tod. Wenn wir nicht da sein konnten, habe ich immer dafür gesorgt, dass jemand bei ihm im Stall war. Ich ging ihn mehrmals am Tag besuchen, immer mit der Absicht, ihm eine Freude zu bereiten. So brachte ich ihm vier Jahre lang jeden Tag ein Kilo Karotten, führte ihn aus seiner Box, damit er im Stall herumlaufen, im Garten grasen und den anderen Pferden «guten Tag» sagen konnte.

Wir gingen auch zusammen spazieren. Unterwegs konnte er seine Lieblingsgräser naschen, und wir beide hatten ganz privilegierte Momente zu zweit, ohne alle anderen.

Wenn ich mit ihm zusammen war, habe ich immer sehr darauf geachtet, mich nicht zu intensiv um ein anderes Pferd zu kümmern, da er mich ständig beobachtete und mich nicht aus den Augen ließ.

Ich striegelte ihn ausgiebig und versuchte, möglichst wenig Zeit für die medizinische Pflege und die Medikamente zu verwenden – eben alles, was ihm unangenehm war. Unsere Beziehung sollte mehr sein als die Pflege eines alten Pferdes.

Als Dao schließlich immer schwächer wurde, versuchte ich, ganz für ihn da zu sein und ihm Freude zu bereiten. Da dieser «Seigneur» genau wusste, was er wollte, war dies auch gut zu realisieren.

Die letzten Wochen mit ihm lebte ich so, als ob jeder Tag der letzte wäre. Einerseits war dies sehr anstrengend, andererseits sehr intensiv und beglückend.

An seinem letzten Abend ließ ich ihn noch länger im Garten als sonst und ging ihn nach dem Abendessen nochmals besuchen. Er hatte sich in seiner Box niedergelegt, und obwohl es ihm nicht besonders gut ging, wirkte er sehr ruhig. Ich blieb eine Weile bei ihm, und wir teilten einen glücklichen Moment miteinander. Es beruhigte mich, dass er nicht litt und nicht unruhig war. Er schwitzte leicht und blieb liegen.

Ich ging zu Bett, wachte aber kurze Zeit später wieder auf und ging ihn nochmals besuchen. Er war gestorben. Ganz ruhig. Das ist unendlich traurig, und er fehlt mir sehr, aber ich habe das Gefühl, alles in meinen Kräften Stehende für ihn getan zu haben. Und sein Tod passt zu ihm: er war immer würdevoll, ruhig und diskret. Stilvoll bis zum Ende.

Es war für mich gut, ihn so sterben zu sehen und nicht gewaltsam, beispielsweise an einer Kolik. Auch bin ich froh, dass ich nicht die schwere Aufgabe hatte, ihn einschläfern zu müssen.

Bei den Pferden muss man immer auf das Schlimmste gefasst sein, da sie oftmals sehr plötzlich und brutal sterben. Aber selbst wenn man all dies weiß und sich darauf vorbereitet, ist es nicht einfach. Mir hat es geholfen, dass ich bei ihm bleiben konnte. Wäre ich gezwungen gewesen, ihn in dieser schweren Zeit allein zu lassen, hätte mich das sehr gequält und mir große Schuldgefühle bereitet.

Agnès: *Neigt Ihr dazu, eine frühere „perfekte" Beziehung von einem Pferd auf ein anderes Pferd zu übertragen?*

Magali: Man sollte das nicht tun, aber es passiert. Seit dem Tod von Dao suche ich die Nähe zu seinem letzten Sohn, der ihm physisch und mental sehr ähnelt. Ich erwische mich, wie ich zu ihm sage: «Du bist wie dein Vater!». Gleichzeitig ist mir vollkommen bewusst, was da geschieht. Ich weiß, dass die Beziehung zu diesem Pferd mit der Zeit ganz und gar einzigartig sein wird. Selbst wenn er mich in manchen Augenblicken der Rührung und Nostalgie an Dao, seinen Vater, erinnert, weiß ich, mit wem ich es jetzt zu tun habe und konzentriere mich auf dieses Pferd.

Frédéric: Jede Beziehung ist einzigartig, weil sie aus so vielen kleinen Gewohnheiten, gemeinsamen Erlebnissen und geheimen Einverständnissen besteht. Im Laufe der Zeit bilden all diese Fäden ein Geflecht, das sehr stark ist und das man nicht einfach auf ein anderes Tier übertragen kann. Nachdem wir dies verstanden und gelebt haben, ist es uns heute wichtig, uns auf jede Beziehung neu einzustellen. Und wir hoffen, dass wir diesem Anspruch gerecht werden.

Immer wieder hinterfragen wir uns: Sind wir wirklich offen für das, was das Pferd uns vorschlägt? Lassen wir uns wirklich auf diese neue Geschichte, auf die ganz eigene Persönlichkeit dieses Pferdes ein? Das ist uns ganz wichtig. Kein Pferd soll eine Geschichte leben müssen, die nicht die seinige ist.

Agnès: *Wenn man ein funktionierendes Verhältnis aufgebaut hat, kann man dann zu einem Pferd, das man jeden Tag reitet, den Bezug auch wieder verlieren?*

Frédéric: Ja, wenn man die zu einer Beziehung gehörenden Regeln vergisst. Das passiert leicht im Alltag. Man pflegt das Pferd, reitet es aus Gewohnheit, ohne sich Fragen zu stellen, ohne Freude und Neugierde auf das, was passieren könnte.

Es ist wie in jeder Paarbeziehung. Wenn man sich mit dem Alltag zufriedengibt, verkümmert eine Beziehung, wird schal und kann ganz zu Ende gehen.

Mit den Pferden ist es wie in jeder Beziehung, man muss sie täglich neu erfinden und kreativ sein. Ich sehe jeden Tag Menschen, die nicht mehr wissen, was sie mit ihren Pferden machen sollen: sie wiederholen sich ständig. Sie nehmen sich nicht die Zeit oder haben nicht die Energie, etwas Neues zu entwickeln. Es ist fast unvermeidlich, dass sich ab einem gewissen Punkt Automatismen einschleichen, auch Langeweile ... und die Beziehung schläft ein.

Dies ist eine Gefahr, die ich gut kenne, denn auch in den Vorführungen funktioniert man irgendwann mit Automatismen, wenn man jeden Tag das gleiche Programm zur gleichen Zeit mit dem gleichen Pferd abspult. Während einer Tournee habe ich mich einmal dabei erwischt, dass ich vor den Boxen meiner Pferde vorbeiging, ohne sie auch nur anzuschauen oder zu grüßen, da ich ja sowieso den ganzen Abend mit ihnen verbringen würde.

Nach einem Jahr Auftritten in der Show «Cavalia» war mir dieses Gefühl, mit meinen Pferden zu leben und doch von ihnen getrennt zu sein, unerträglich. Ich empfand es als Lüge, in der Vorstellung eine Beziehung zu präsentieren, die in Wirklichkeit nicht mehr existierte. Ich hatte das Gefühl, einen Pakt mit dem Teufel geschlossen zu haben. Einerseits arbeitete ich täglich, um den Fortbestand unseres Unternehmens, unseres Reitstalls zu sichern, andererseits schien ich dabei alles verloren zu haben, was mir am Herzen liegt: eine starke, persönliche, intuitive und respektvolle Beziehung zu jedem meiner Pferde.

Meine Arbeit war sehr sauber und professionell geworden, aber es war nur noch ein Job. Diese Erkenntnis hat mich so sehr erschreckt, dass ich fast alles hingeworfen hätte.

Aber der Ausweg war ein anderer. Er lag nicht darin, vor allem zu flüchten, sondern darin, jeden Tag das gleiche zu machen – aber anders! Ich habe lange gesucht und Menschen, die ich bewundere, wie zum Beispiel Linda Tellington Jones, zugehört und zugesehen.

Der ganze Prozess dauerte lange und war schmerzhaft, denn es ist viel schwieriger, eine bestehende Beziehung wieder aufzubauen, als eine neue Beziehung einzugehen. Man muss seine Gewohnheiten ändern, seine Art zu denken und sich selbst in Frage stellen. Schließlich habe ich einen Weg gefunden, wie ich jeden Abend mit meinen Pferden eine Vorstellung geben konnte, ohne den Bezug zu ihnen zu verlieren. Ich habe ihnen einfach jeden Abend mehr Initiative überlassen, ihnen mehr Freiheit und mehr Mitbestimmung in der Arbeit gegeben.

Die Pferde brachten ihrerseits viel Kreativität und neue Einfälle mit. So war ich derjenige, der sich jeden Abend an das anpasste, was passierte und was ich nicht immer vorhergesehen hatte. Diese große Krise war sehr konstruktiv. Sie hat unseren Pferden ermöglicht, sich stärker zu verwirklichen und unsere Vorstellungen zu bereichern.

Ich bemühe mich heute, mehr auf sie einzugehen und mehr für sie da zu sein als ich dies früher tat. Dank dieser schmerzhaften Erfahrung habe ich heute mehr Vertrauen und bin ausgeglichener. Heute weiß ich, dass es Lösungen gibt, wenn eine Beziehung an Intensität verliert.

Agnès: *Wie findet man neue Wege, um die tägliche Arbeit, bei zu viel Routine, für die Pferde wieder interessant zu machen? Wie wirkt man der Langweile entgegen?*

Frédéric: Das Einfachste ist, zu sagen: „Es funktioniert nicht mehr, also höre ich auf". Man kann sich auch damit zufrieden geben, dass alles irgendwie funktioniert und die Qualität der Beziehung nicht das Wichtigste ist. Das können Mag und ich uns nicht vorstellen. Zumindest heute, denn ich habe eine solche Krise schon mit meinem ersten Pferd erlebt. Es entsprach damals nicht mehr der Entwicklung meiner Arbeit, und ich wusste nicht, wie ich die Beziehung hätte ändern können. Wir passten nicht mehr zusammen, also habe ich es verkauft. Das würde ich heute nicht mehr tun. Heute weiß ich, wenn es nicht mehr geht, bin ich derjenige, der sich nicht anpassen und keine Lösungen finden kann.

Templado war das beste Beispiel für die Anstrengungen, die nötig sind, um eine Krise zu bewältigen. Ich hätte ihn verkaufen und mich von ihm trennen können, denn anscheinend passte bei ihm und mir nichts zusammen. Er war schwierig, gefährlich und hatte oft Koliken. Als ich mich aber für das öffnete, was er vorschlug, hatte ich plötzlich das beste Showpferd, und meine Beziehung zu ihm wurde einzigartig.

In meiner Arbeit ist mir heute vor allem die Beziehung wichtig, selbst wenn die Technik darunter etwas leidet. Indem ich meinen Pferden Raum für ihren eigenen Beitrag lasse, gibt es in meinen Aufführungen mehr Spielraum für Neues. Unsere Auftritte sind so intensiv, weil ich eben nicht immer alles beherrsche und mich nicht mit Details aufhalte.

Indem ich der Beziehung, dem Austausch, der Freude am Zusammensein die oberste Priorität gebe, habe ich viel Spaß während der Arbeit. Diese Freude spüre ich auch bei den Pferden und letztlich auch beim Publikum.

Agnès: *Was kann man im Alltag tun, wenn man sich von seinem Pferd innerlich mehr und mehr entfernt. Wenn man die Verbindung nicht mehr so stark empfindet?*

Magali: Es ist nicht die Verbindung, die schwächer wird. Wenn man eine starke Beziehung zu einem Pferd hat, bleibt sie auch stark. Man muss aber auf alle Signale unserer Weggefährten achten. Ein Pferd kann durchaus sagen: Wenn du dies oder jenes tust oder wenn du dich so verhältst, dann ziehe ich mich zurück. Das Pferd schaut uns dann beispielsweise schief an, es freut sich nicht, uns zu sehen oder schmollt. Es entzieht sich der Beziehung, weil es mit dem, was wir ihm vorschlagen, nichts anfangen kann. Grund dafür sind nicht irgendwelche Launen des Pferdes, das plötzlich Lust auf etwas anderes hätte. Wenn man sich die Zeit nimmt, die Signale zu deuten und über ihrer Ursache nachdenkt, wird man sich bewusst, dass immer wir es sind, die sich aus der Beziehung gelöst haben. Jedes Mal, wenn ich tausend Dinge im Kopf habe, wenn ich sehr beschäftigt bin oder Sorgen habe, dann schmollen meine Pferde! Das ist sehr unangenehm, da zu allem anderen dann auch noch Beziehungsprobleme mit dem Pferd kommen. Aber betrachten wir es doch von der anderen Seite. Sind wir angespannt und abweisend, lädt das Pferd uns dazu ein, uns zu öffnen, im Moment zu sein und das

Zusammensein zu genießen. Sobald wir dies verstanden haben, ist es wieder voller Begeisterung dabei.
Ein Beispiel: Ist Mandarin im Training mürrisch, dann weiß ich, dass es Zeit für einen entspannten Ausritt ist, um den Druck rauszunehmen. Die Lösung wäre nicht, zu sagen: «Mir geht es gerade nicht gut, ich habe zu viele Sorgen, also kümmere ich mich erst wieder um meine Pferde, wenn es mir besser geht.« Nein, man kann sie nicht tagelang unbeachtet in der Box lassen. Keine Sorge, die Ansprüche sind nicht hoch. Ich nehme mir 20 Minuten Zeit – statt einer Dreiviertel- oder einer ganzen Stunde – und reite das Pferd oder arbeite es an der Hand, mit dem Ziel, einige schöne Momente mit ihm zu erleben. Wenn ich nur des Reitens wegen reite und es mich eigentlich langweilt, erreiche ich nichts Gutes. Das Pferd wird mich spüren lassen, dass es unzufrieden ist. Also verbringen wir lieber weniger Zeit miteinander, aber nutzen sie, um uns zu vergnügen!

Agnès: *Bei Pferden, die nicht geritten oder gearbeitet werden, ist es schwierig, in Verbindung zu bleiben. Was kann man mit ihnen machen?*

Magali: Wenn ein Pferd ab einem gewissen Alter immer weniger leistungsfähig ist, muss man einen neuen Austausch miteinander finden, sonst verliert man den Kontakt zu ihm. Im hohen Alter verändern sich die Pferde, und auch wir müssen unsere Erwartungen an sie verändern. Der zukünftige Austausch erfolgt auf der Grundlage dessen, was man zusammen erreicht hat.

Magali: Es ist besser, seltener, aber dann voll da zu sein, als häufig, aber nie so ganz. Wenn man weniger Zeit hat, weil gerade andere Prioritäten im Leben gelten, muss das nicht unbedingt ein Problem sein. Man kann sich durchaus etwas weniger um ein Pferd kümmern, ohne es gleich im Stich zu lassen. Vorausgesetzt, dass die wenigen gemeinsam verbrachten Augenblicke freudvoll für das Pferd sind!

Ich habe dies selbst erfahren, als unser Sohn Noah auf die Welt kam. Wir widmen ihm viel Zeit, Aufmerksamkeit und Energie, die vorher den Pferden zu Gute kam. Aber er ist eine solche Freude für uns, eine solche Erfüllung, dass der ganze Stall davon profitiert. Es scheint, als ob wir mit unserem Elternglück Begeisterung und Leichtigkeit um uns herum verbreiten.

Alles ist ganz einfach und verläuft gut gelaunt und ohne Probleme, obwohl wir gerade in der Anfangszeit weniger Zeit hatten und manchmal sehr müde waren. Doch unsere Pferde brechen den Kontakt zu uns nicht ab, weil wir beschäftigt und anderswo glücklicher sind. Die Verbindung zu ihnen bricht ab, wenn man sich nicht gut um sie kümmert und ihnen keinen Austausch anbietet, der sie interessiert.

Aber dies alleine reicht nicht aus. Man muss neue Aktivitäten miteinander entwickeln, die den körperlichen Fähigkeiten der Pferde entsprechen. Und wir sollten natürlich weiterhin auf ihr Wohlergehen achten und ihnen kleine Freuden bereiten. Das Pferd braucht eine Übergangszeit von mehreren Monaten, bis es realisiert, dass es nicht mehr denselben Platz im Stall und bei der Arbeit mit den anderen Pferden hat.

Am Anfang wartet es auf uns, ihm fehlt der Austausch und die tägliche Arbeit. Deshalb muss man stufenweise Ersatz durch andere Formen der Beschäftigung schaffen. Mit der Zeit findet es Gefallen an seinem neuen Leben. Die Pferde sind dann glückliche Rentner, die trotzdem den Bezug zu uns nicht verlieren.

Agnès: *Manchmal ist es nicht das Pferd, sondern der Mensch, der die Beziehung aus verschiedenen Gründen nicht aufrechthalten kann. Was kann man tun, um die Beziehung zum Pferd nicht ganz zu verlieren?*

Keyword: RISIKO

Die wahre Gefahr in einer Beziehung ist, dass man nicht mehr hinschaut, oder zwar hinschaut, aber nichts mehr wahrnimmt. In solchen Augenblicken des Alltagstrottes verliert man einander. Ich sehe viele Menschen, die immer dasselbe machen, und wenn man ihnen vorschlägt, etwas zu verändern, antworten sie, dass ihr Pferd das nicht kann. Es kann nicht mit anderen Pferden auf die Weide gehen, es kann keinen Ausritt in der Gruppe machen, es kann keinen Pferdeanhänger betreten, es kann keinen Fluss durchqueren und keinen Graben überspringen. In Wirklichkeit sind es oft die Leute selbst, die diese Barrieren aufbauen. Sie verstecken sich hinter ihren Gewohnheiten und wollen sich ihren Ängsten nicht stellen. Sie haben ihre Aktivitäten eingeschränkt, um kein Risiko einzugehen. Sie geben zwar zu, dass die Situation nicht ideal ist, sind aber letztlich mit diesem Zustand zufrieden. Diesen Reitern fehlt es an Vertrauen in sich und ihre Pferde. Aus Angst vor dem Scheitern wagen sie nicht, neue Situationen auszuprobieren. Durch Ausprobieren und das Entdecken von Neuem stellt man sich in Frage. Dann muss man gemeinsam mit dem Pferd Lösungen finden, man muss miteinander kommunizieren und einander vertrauen.

Auf diese Art und Weise ist die Beziehung lebendig und wächst. Die Bande werden durch den gemeinsamen Alltag, aber vor allem durch gemeinsame Entdeckungen enger, durch Schwierigkeiten und Ängste, die man gemeinsam überwindet. Es geht nicht darum, sich körperlich in Gefahr zu bringen, sondern darum, sich einer Vielzahl neuer Situationen auszusetzen. Dies kann für Reiter und Pferd und letztlich auch für beide als Paar sehr bereichernd sein.

Frédéric Pignon

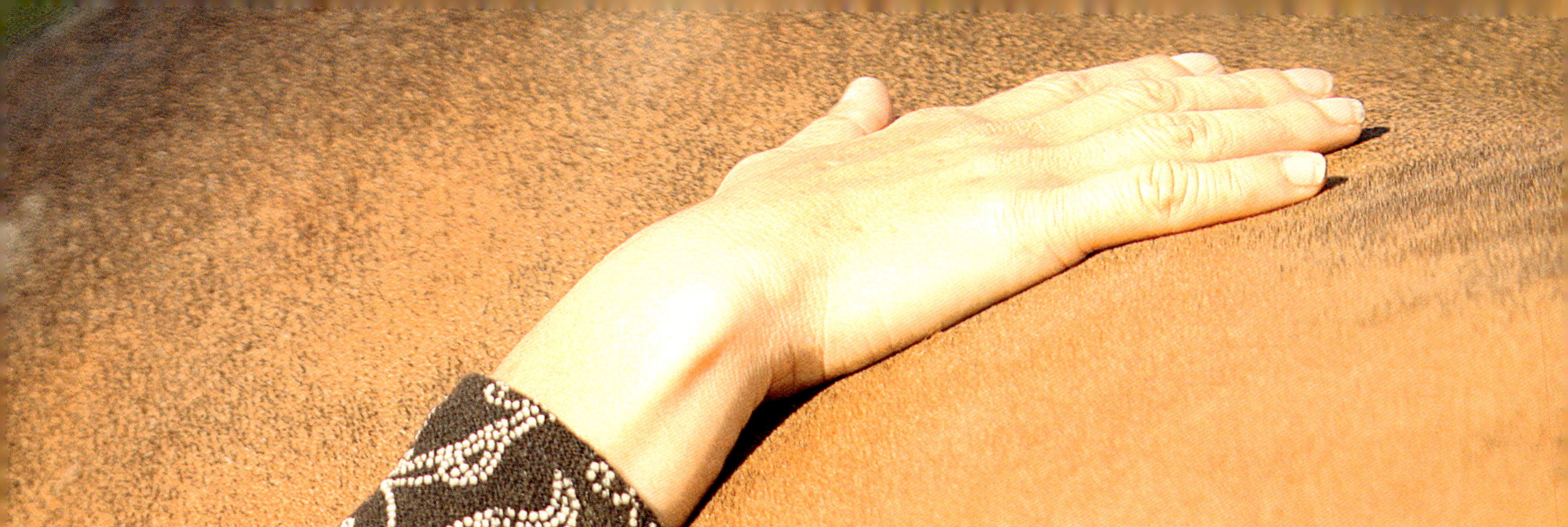

Keyword: IM STICH LASSEN

Man spricht viel von physisch im Stich gelassenen Pferden, zum Beispiel einem alten Pferd auf der Weide. Man kann ein Pferd aber auch emotional im Stich lassen. Die Pferde empfinden dies so, wenn man nichts mehr mit ihnen unternimmt, sie nicht mehr anschaut, nichts mehr mit ihnen teilt und ein anderes Pferd vorzieht. Sie sind da, beobachten uns, versuchen unsere Aufmerksamkeit zu gewinnen, aber wir sind ganz woanders, oftmals sogar mit gutem Gewissen, da wir ein vermenschlichendes, idealisiertes Bild vom Rentnerdasein eines Pferde auf seiner Weide haben. Wir sagen uns:«Ach, das glückliche Tier, nun braucht es nicht mehr zu arbeiten. Endlich kann es ein richtiges Pferdeleben führen.»

In Wirklichkeit ist dieses Pferd ganz und gar nicht glücklich. Es hatte sich an ein abwechslungsreiches, sinnvolles Leben, an einen bestimmten Rhythmus und seinen Platz im Stall gewöhnt, und plötzlich verändert sich alles.

Im besten Fall kümmert man sich routinemäßig um das Pferd, zum Beispiel, indem man es mit Karotten vollstopft und striegelt. Viele glauben, mit einem alten Pferd nichts anderes tun zu können. Für das Pferd und die Beziehung zu ihm wäre es das Beste, weiterhin aufmerksam zu sein und zu spüren, was ihm Freude bereiten könnte.

Dao hatte unglaublich Spaß daran, noch regelmäßig geritten zu werden. Er piaffierte von ganz allein oder ging im spanischen Schritt stolz an den jungen Pferden vorbei. Ein anderes Pferd mag vielleicht ausgiebige Massagen oder Spiele. Die Aktivitäten können auch variieren, je nach Tagesverfassung und Laune.

Ich beobachte manchmal, dass Menschen ihr (altes) Pferd eine Stunde lang striegeln, obwohl das Pferd dies gar nicht mag. Irgendwann kann das Pferd keine Bürste und auch keinen Menschen mehr sehen, so sehr hat es die Nase voll davon.

Es ist also wichtig, ein gesundes Mittelmaß zu finden und das Pferd weder völlig im Stich zu lassen noch es mit Aktivitäten zu belästigen, die es nicht mag.

Das Pferd wird uns sagen, was es gern hat, vorausgesetzt, wir haben gelernt, seine Zeichen zu verstehen.

Magali Delgado

Brief an Templado

An diesem Abend sind wir von der zweimonatigen Tournee mit „Cavalia" aus Spanien zurückgekehrt. Wie üblich hast Du uns erwartet, und wie üblich bin ich eine gute Stunde mit Dir in Deiner Box geblieben und habe Dir gedankt, dass Du noch da bist. Seit einiger Zeit hat sich Dein gesundheitlicher Zustand verschlechtert, aber an diesem Abend geht es Dir gut, und Du scheinst froh zu sein, uns zu sehen. Doch schon bei meiner Ankunft habe ich eine düstere Vorahnung, die trotz Deiner guten Laune nicht verschwindet.

Wie üblich ist mein Umgang mit Dir rein intuitiv, ich denke darüber nicht nach. Nach dem Abendessen gehe ich nochmals zu Dir. Am nächsten Morgen dusche ich Dich – immer noch, ohne mir Gedanken darüber zu machen. Ich weiß nicht warum, aber du sollst sauber sein. Du erträgst es ergeben. Ich rufe Mag, um ihr zu zeigen, wie lang Deine Schweifhaare geworden sind. Sie berührten bereits den Boden. Danach lasse ich Dich in den Garten, damit Du dort grasen und Deine Freunde besuchen kannst, die Du gerne neckst. Ich muss lachen, als ich Dich beobachte, und ich beruhige mich. Alles ist wie immer. Doch die Stimme in meinem tiefsten Inneren verstummt nicht …

Draußen scheint die Sonne immer intensiver, und es soll ein weiterer heißer Julitag werden. Am frühen Nachmittag kommt ein guter Freund zu Besuch. Ich mache einen besorgten und zerstreuten Eindruck auf ihn, wie er mir später sagt. Ich befinde mich in einer Art Wartezustand, so als würde ich auf einen Bus warten, ohne den Fahrplan zu kennen. Während ich im Haus Kaffee trinke, beobachte ich Dich beim Grasen. Plötzlich legst Du Dich hin. In diesem Augenblick verstehe ich, dass der Bus am Horizont aufgetaucht ist. Ich renne hinaus zu Dir und bitte Dich darum, wieder aufzustehen. Ich will nicht, dass Du dort in dieser sengenden Sonne liegst. Ich bringe Dich in deine Box, wohin Du mir unentschlossen folgst. Dann legst Du dich wieder hin. Ein Gefühl dumpfer Panik steigt in mir auf. Nun ist er da, dieser so gefürchtete Augenblick.

Ich habe das Gefühl, dass der Boden unter meinen Füßen wankt. Ich hatte mich schon oft gefragt, wie dieser Augenblick aussehen, wie es geschehen würde. Doch ich konnte mir nie vorstellen, dass es irgendwann tatsächlich so weit sein würde.

Ich gebe zu, dass ich mir einen Augenblick lang wünsche, ganz weit weg zu sein. Doch angesichts Deiner Ruhe werde ich wieder vernünftig und verstehe, dass Du meine Anwesenheit brauchst. Du hast nicht auf meine Rückkehr gewartet, damit ich nun weglaufe. Wir sollen diesen Augenblick gemeinsam erleben. Du wirst weggehen, und ich muss Deinen Abschied akzeptieren.

Ich rücke näher zu Dir heran. Du schwitzt und fängst an, heftiger zu atmen. Ich lege meine Hand auf Deinen Kopf wie eine Mutter bei ihrem Kind. Du schwitzt stärker und scheinst immer schwächer zu werden. Du versuchst mehrmals wieder aufzustehen, so als ob Du Dir aus dem Fenster die Weiden anschauen willst, auf denen wir so viele wunderbare Momente verbracht haben. Du scheinst zu wissen, dass es nun an der Zeit ist, zu gehen, und dass Du nicht mehr zurückkommst …

Ganz am Ende ähnelst Du einem Fohlen, das gerade geboren wurde, und ich verstehe, dass dies der Zyklus des Lebens ist. Kommen und Gehen. Der Film läuft nun andersherum, und Dein Leben kehrt dahin zurück, woher es kam. Deine Kräfte verlassen Dich. Du schwankst, und dann bleibst Du bewegungslos auf der Erde liegen, bis Du fort bist, ganz und gar.

Ein Gedicht kommt mir in den Sinn, das Pierrot, mein Schwiegervater, zu Deiner Geburt geschrieben hat. Es spendet mir ein wenig Trost. Ich verstehe tief in meinem Herzen, dass mit dem Tod nicht alles zu Ende ist. Aber unsere Geschichte ist abgeschlossen. Nichts würde nun mehr so sein wie früher. Wir haben die auf den Seiten dieses Buches beschriebenen Momente voll ausgekostet und wie einen Göttertrank genossen. Ich habe unglaublich viel von Dir gelernt, und Dein Tod war eine Erfahrung, die notwendig war, um das Leben in allen Höhen und Tiefen zu erfassen.

Templado, ich spüre Deine Energie in allem, was mich umgibt, den Wänden, dem Boden, im Longierzirkel, in dem wir so viel Schönes miteinander erlebt haben. Manchmal kommt uns ein kleiner weißer Schmetterling besuchen, der über unsere Köpfe hinwegflattert. Ich denke an Dich, mein schönes weißes Pferd mit der Mähne im Wind, und ich lächle …

Frédéric

INSIGHTS

VON AGNÈS GALLETIER

Als Gabriele Boiselle mich einlud mit ihr an dem Buch über Magali und Frédéric zu arbeiten, sagte sie auch, dass ich etwas erleben würde, was einzigartig wäre. Und sie hatte Recht: In meinen dreißig Jahren als Reiterin und in fünfzehn Berufsjahren in der Pferdewelt habe ich niemals eine solche Verbundenheit zwischen einem Menschen und einem Pferd gesehen. Als ich Frédéric und Magali kennenlernte, wurde mir klar, dass es das, was ich bisher nur geahnt und in einzelnen Augenblicken in meiner Beziehung zu Pferden selbst gespürt hatte, tatsächlich gibt, und dass eine tiefe, liebevolle Verbindung und eine natürliche Art der Kommunikation möglich sind.

Man braucht Frédéric und Magali nur im Stall zu beobachten, um diese friedvolle Schwingung selbst wahrzunehmen, ein spielerisches Verstehen und eine erfrischende Spontanität. Aber besonders bei der täglichen Arbeit lässt sich die „Kraft dieser Verbindung" am Besten sehen, wenn man spürt, wie das Pferd sich unwiederstehlich zu seinem Trainer hingezogen fühlt, ihn beobachtet und versucht, Kontakt aufzunehmen.

Ich habe immer wieder gesehen, dass sich die Pferde Frédéric auf dem Sandplatz von sich aus nähern, dass sie ihre Nase sanft auf seine Brust oder in seinen Nacken legen, seine Hände berühren und seine Aufmerksamkeit und den körperlichen Kontakt zu ihm suchen.

Zunächst fand ich das nicht so ungewöhnlich, obwohl diese Momente eine ganz eigentümliche Intensität ausstrahlten. Doch eine Beobachtung an einem Sommermorgen ließ dieses Spiel in einem ganz anderen Licht erscheinen:

Frédéric wollte die beiden Friesenhengste Phebus und Paulus vom Stall auf die umliegenden Weiden bringen. Diese übermütigen und quicklebendige Junghengste liefen ohne Halfter aus dem Stall und fanden sich plötzlich von anderen Pferden umgeben; auf der einen Seite war eine Herde im Padock, auf der anderen Seite grasten die Stuten des Nachbarn. Die Versuchung, auf der einen oder anderen Seite einen Besuch abzustatten und sich auszutoben, war groß. Die Hengste schienen vor Energie zu bersten, ihre Nüstern bebten, die Ohren spielten. Ihre dunklen Augen funkelten und aufgeregt trommelten ihre Herzen unter dem glänzenden Fell, so dass man es sehen konnte. Trotz allen offensichtlichen Ablenkungen folgten Paulus und Phoebus nur Frédéric, nicht ergeben, sondern voller Begeisterung, denn das, was Frédéric ihnen zu bieten hatte, war in ihren Augen interessanter als all die Versuchungen um sie herum!

Magali stand neben mir, schaute sich die Szene lächelnd und voller Stolz an. Diese Begebenheit war ein guter Aufhänger für einige Fragen zum Thema Dominanz und Bindung.

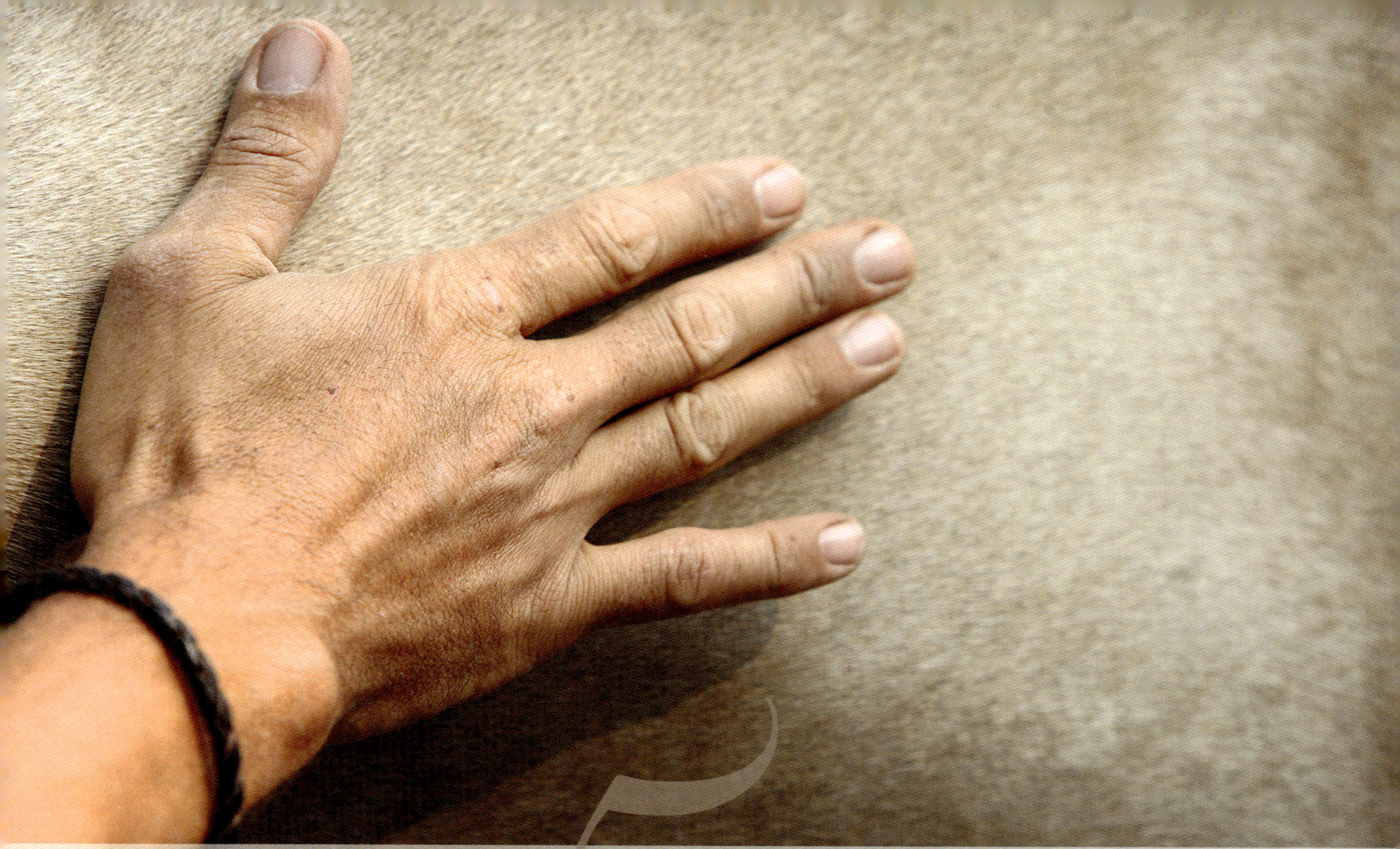

KAPITEL 5

Die Kraft der Verbindung

„Wenn zweitausend Personen diese positive Energie und Zärtlichkeit der Pferde spüren, die ruhig werden und auf uns zukommen, um gestreichelt zu werden, dann kann man von einem wunderbaren Resonanzkörper sprechen, der auf die Welt gerichtet ist.“

Frédéric Pignon

Agnès: *Magali, wie erklärst Du Dir, dass Eure Verbindung zu Euren Pferden so stark ist, dass Ihr quasi zu Ihrem wichtigsten Fokuspunkt werdet?*

Magali: Wenn Frédéric neben seinen Pferden läuft, findet ein Austausch zwischen ihnen statt, der für die Tiere ebenso stark und befriedigend ist, wie die Verbindung zu ihren Artgenossen. Es ist eine Art Verbundenheit unter «Männern», aber ohne jede Bösartigkeit. Es ist eher ein Spiel, auch wenn es für uns Menschen ein Risiko darstellt.

Ich selbst kann diese Art von Verbundenheit aufgrund meiner geringen Körpergröße und mangelnder Ausdauer leider nicht mit den Pferden teilen. Für mich drückt sich die Innigkeit einer Beziehung in anderen Augenblicken aus, die mir und dem Pferd viel Freude bereiten. Bei unserer letzten Aufführung war Mandarin beispielsweise von dem Applaus des Publikums etwas verängstigt. Doch statt im Galopp davonzupreschen, kam er ganz nah zu mir und schien mich zu bitten, ihn zu beschützen. Er fühlt sich also offensichtlich bei mir in Sicherheit. Er hat hier bei mir seinen Platz und nicht unbedingt bei den anderen Pferden. Das zeigt mir, dass unsere Verbindung sehr stark ist, was mich mit Freude erfüllt.

Agnès: *Frédéric, wie erlebst Du – ganz in Dir drinnen – Deine Verbindung mit Deinen Pferden?*

Frédéric: Es sind für mich ganz spezielle Augenblicke. All meine Sinne sind eins mit dem Pferd. Manchmal fühlt es sich an, als wäre ich selbst ein Pferd, mit schnellen, intuitiven Reaktionen. Mein Gehirn registriert ebenso wie das ihrige, was alles um uns herum passiert, selbst kleinste Signale. Nur so gelingt eine nonverbale Kommunikation, die es mir ermöglicht, ohne großes Überlegen die geeignete Antwort, die richtige Geste im rechten Augenblick finden.

In diesen Momenten habe ich das Gefühl, dass ich wieder kindliche Naivität und Aufgeschlossenheit besitze. Als Kind beobachtet man ständig alles. Man nimmt die Informationen auf und versucht zu verstehen und zu fühlen, was um einen herum passiert. In diesem Alter ist man noch nicht so geprägt von gewissen Erziehungsprinzipien, die uns später vorgeben, was «normal» und «wünschenswert» ist. Auch der Intellekt hat sich noch nicht vor die Gefühlswelt geschoben, so wie bei vielen Erwachsenen. Als Kind versteht man dank genauer Beobachtung oft instinktiv, was los ist. Später schauen wir oft nicht mehr richtig hin, weil wir mit den Gedanken woanders sind. Hören und Sprechen werden mit der Zeit wichtiger als Beobachten. Man ordnet Ereignisse und Informationen in bestimmte Schubladen ein und bewertet sie dementsprechend. Doch oft liegt man mit seinen Einschätzungen daneben.

Wenn ich von meinen sensiblen, quirligen Hengsten umgeben bin, kann ich nicht alle Dinge blitzschnell analysieren und darauf mit dem Kopf reagieren. Der Austausch findet vielmehr auf visuelle, taktile und körperliche Weise statt, und nicht immer geht es dabei ganz sanft zu. Unsere Sinne und unser Instinkt helfen uns, rechtzeitig zu reagieren. Erst danach kann man die Situation analysieren und ein Urteil über die Reaktion fällen. Unvorhergesehene, plötzlich eintretende Situationen zwingen uns, unsere festgelegten Regeln aufzugeben und auf andere Art als gewöhnlich zu reagieren.

Dies bereichert unser limitiertes menschliches Universum. Diese Öffnung ist von großem Nutzen, sowohl für das Tier als auch für den Menschen.
Ich agiere heute anders in Bezug auf Menschen und Situationen: viel instinktiver und intuitiver, was eigentlich im Gegensatz zu meinem intellektuellen Verständnis der Dinge steht. Doch eine Argumentation hinsichtlich positiver und negativer Aspekte funktioniert mit einem Pferd nicht. Wir müssen im Umgang mit ihm oft instinktiv reagieren und in kurzer Zeit viele komplexe Informationen aufnehmen. Im Lauf der Zeit können wir dem Instinkt immer mehr vertrauen und erhalten so auch schnellere Antworten. Damit möchte ich nicht sagen, dass wir mit mehr Erfahrung immer recht haben, so ist es leider nicht. Aber wir sind in der Lage, uns anzupassen und flexible Lösungen zu finden. Intuitiv wissen wir, welche Richtung wir einschlagen müssen.

Agnès: *Warum fühlen sich die Menschen so zu den Pferden hingezogen? Was berührt sie in ihrer Seele?*

Frédéric: Es ist wahrscheinlich das Bündnis mit der Freiheit, die wir durch das Pferd erleben, aber auch seine Eleganz und seine Kraft, die das Pferd zu einem Symbol und zur idealen Projektionsfläche für Träume macht. Darüber hinaus glaube ich, dass das Pferd uns durch seine Dualität berührt: es hat sehr viel Energie und ist gleichzeitig zerbrechlich, es besitzt eine wilde Kraft und gleichzeitig extreme Sensibilität.
Der Mensch träumt davon, dieses faszinierende Tier zu zähmen, seine Kraft zu bändigen und damit die Angst vor diesem großen Tier zu überwinden. Später liegt die Befriedigung auch darin, dem Tier zu helfen, seine eigene Angst zu überwinden. Faszinierend ist sicher auch, dass wir in die Welt des Pferdes eintauchen müssen, um mit ihm zu kommunizieren und Lösungen zu finden.
Die Pferd-Mensch-Beziehung ist auch komplexer als unsere Beziehung zu Hunden oder Katzen, auch wenn diese ebenfalls spannend sein können. Doch Pferde überraschen uns noch mehr und zwingen uns dazu, uns in Frage zu stellen und sich in ihre Welt hineinzuversetzen. Alle großen Lehrmeister sagen, dass das Pferd für sie unendlich faszinierend sei. Ein Menschenleben genüge nicht, um sein Wesen und die Reitkunst zu erkunden. Doch gerade die vielen Fragen machen diese Beziehung für uns interessant, da sie uns herausfordern und in Bewegung halten.

Sie befriedigen unser Streben nach Höherem, nach Perfektion. Mit dem Pferd betritt man einen Bereich der Sinnlichkeit, den ich von keiner anderen Gattung her kenne. Dies hat vielleicht auch etwas mit seiner Größe und Kraft zu tun. Man fühlt sich dem Pferd gegenüber klein, beschützt und getragen. Man ist fasziniert von seinem Geruch, den Geräuschen seines Körpers und der Intimität. Dieses Gefühl kann man mit kleineren Tieren nicht teilen, selbst wenn man sie im Arm hält.

Magali: Ich glaube, das Pferd löst bei uns auf direkte Art und Weise intensive Gefühle aus, die auch sehr widersprüchlich sein können. Die meisten Menschen fühlen sich von Pferden angezogen, aber in der Regel haben sie gleichzeitig Angst vor ihnen. Sie sind beeindruckt von ihrer Schnelligkeit, ihrer Kraft, ihrer Wildheit, Geschmeidigkeit und Zärtlichkeit, aber im nächsten Augenblick fürchten sie sich genau davor. Während der Aufführungen halten viele Leute den Atem an, sie lachen, weinen, bekommen Gänsehaut ohne zu wissen, warum. Nach diesen Adrenalinschüben kann man auch süchtig werden.

Agnès: *Was ist das Wichtigste, was die Pferde Euch gegeben haben?*

Magali: Reines Glück. Die intensivsten Augenblicke und die größten Gefühle in

meinem Leben habe ich mit meinen Pferden erlebt. Nach einem glücklichen Tag mit ihnen freue ich mich über diese erfüllte Beziehung voller positiver Energie, die mich Berge versetzen lässt. Ich spürte schon als Kind, dass ich dies nicht missen möchte. Sie sind das Zentrum meines Lebens. Alles andere scheint mir nicht so wichtig, und viele Dinge empfinde ich als verlorene Zeit. Glücklicherweise ist diese Verbindung zu den Pferden nie egoistisch gewesen. Ich war früher ungeduldig und kompromisslos, aber die Pferde haben mir beigebracht, auf den anderen zu warten, seinen Rhythmus zu respektieren, geschickt um Dinge zu bitten und meine Gefühlen zu kontrollieren.

Sie haben mich Bescheidenheit gelehrt. Durch sie habe ich begonnen, meinen Stolz und meine Selbstsicherheit in Frage zu stellen. In der Arbeit mit den Pferden kannst du es dir nicht erlauben, ständig Grenzen zu überschreiten oder auszurasten, denn das könnte monatelange Arbeit zerstören. Nach all den Jahren mit ihnen bin ich heute weniger impulsiv, nehme mir Zeit, bevor ich meine Gefühle ausdrücke. Ich bin nicht mehr so hektisch und aufbrausend wie früher. Heute weiß ich, dass es verschiedene Lösungen für ein und dasselbe Problem gibt und nicht nur die meinige. Die Pferde haben mein Gemüt beruhigt, die Ecken und Kanten meines Charakters abgerundet und mir gleichzeitig das höchste Glück geschenkt, indem ich mit ihnen leben darf.

Frédéric: Die Pferde halten mich in der Balance. Sie entsprechen meinem Sinn für Ästhetik, meinen Idealen und Träumen. Ich bin von Natur aus sehr verträumt, aber die Pferde bringen mich auch schnell wieder in die Realität zurück, zum Beispiel in schwierigen Situationen. Bei einem Hengst darf ich nie den Augenblick verpassen, in dem es gefährlich werden könnte.
Als Kind war das Pferd für mich ein großes Geschenk, da ich sehr verschlossen war. Es hat meine Beziehungen zu anderen verbessert, mich auf meinem Weg begleitet und mir gezeigt, wie ich mit meinen Gefühlen und Reaktionen umgehen kann. Die tibetischen Mönche und ihre friedliche Ausstrahlung haben mich immer fasziniert. Ich selbst habe durch die Beziehung zu den Pferden Frieden und Erfüllung gefunden. Ich empfinde die Arbeit mit ihnen als eine Art „Eins sein". Sie haben mich dazu gebracht, mich zu öffnen, bis hin zu einer totalen Disponibilität bei gleichzeitiger Zentrierung, die ich ganz stark in bestimmten Augenblicken meiner Arbeit empfinde. Manchmal, wenn ich mit einem Pferd eine Halle oder Reitbahn betrete, ganz still, in einem Zustand völliger Konzentration, wie in der Meditation, habe ich das Gefühl, betend in einer Kirche zu sein. Ich hoffe, auf diese Art mein Verlangen nach Spiritualität zu befriedigen und meinen Glauben an das Leben zu stärken. Die Verbindung zum Pferd gibt mir immer wieder Antworten auf meine Fragen.

Agnès: *Eure Shows, die Ihr weltweit zeigt, was für ein Sinn liegt dahinter?*

Magali: Die Aufführungen geben uns die Möglichkeit, unsere Arbeit, unsere Ideen und Überlegungen mit einem Publikum zu teilen. Dies ist eine Motivation für uns, die uns voranbringt, vorausgesetzt, wir sind mit der Vorführung zufrieden. Auch für die Pferde sind die Shows eine Motivation. Mit der Zeit scheinen sie die Shows und Tourneen richtig zu lieben. Sie gehen von allein in den Transporter, fühlen sich in einem neuen Stall sofort wohl und betreten stolz und energiegeladen die Manege.

Während der Aufführungen sind sie oftmals strahlender, motivierter und begeisterter als zu Hause; es scheint, als ob sie vom Publikum getragen würden. Ihre Energie und ihre Fähigkeiten wachsen. Dadurch verändert sich die Verbindung, die wir zu Hause mit ihnen aufgebaut haben. Die Auftritte sind keine Arbeit, sondern ein Austausch mit all unseren Sinnen.
Es ist fast ein rauschhafter Zustand, und oft entdecke ich ein völlig anderes Pferd als das, mit dem ich monate- oder jahrelang in der Reitbahn gearbeitet habe. Im Scheinwerferlicht, vor Publikum, verwandelt es sich, genauso wie ich auch. Die Pferde spüren die Energie des Publikums. Sie feuert uns an, und wir geben alles. Gleichzeitig lädt uns die positive Energie, der Applaus, wieder auf.
Ich liebe es, dem Publikum unsere Welt zu zeigen, sie zu verzaubern oder ihnen die Augen zu öffnen für eine neue Beziehung mit dem Pferd. Dann fühle ich mich nützlich. Nützlich in meiner Arbeit und in meinem Leben - wenigstens so lange, wie die Arbeit uns und den Pferden gefällt. Falls wir und unsere Pferde diesen Beruf eines Tages aus reiner Gewohnheit oder Verpflichtung heraus ausüben, wäre es besser, schnell nach Hause zu fahren!

Agnès: *Was glaubt Ihr mit Euren Pferden im Rampenlicht stehend, an die Zuschauer übermitteln zu können?*

Magali: Zunächst den Respekt vor dem Pferd, aber auch die Freude, die wir gemeinsam empfinden, auch beim Reiten. Ich liebe das Dressurreiten, und es ist mir wichtig, zu zeigen, dass man ein hohes technisches Niveau ohne Stress, beinahe spielerisch, erreichen kann. Deshalb lasse ich mein Pferd ohne Sattel und Kandare, nur mit einem einfachen Halfter, piaffieren oder Galoppwechsel springen.
Die Leute sagen uns oft, dass unsere Pferde glücklich wirken. Dies bemerken sie häufig als Erstes und stellen damit auch ihr Verhältnis zu ihrem eigenen Pferd in Frage. Vielen wurde leider zu oft gesagt, dass sie das Pferd unterwerfen, es zu etwas zwingen müssten, und dass es dumm sei.
Ich habe den Eindruck, dass unsere Shows den Leuten helfen, das Pferd mit anderen Augen zu sehen. Sie beobachten es genauer und erkennen die Bedürfnisse des Tieres. Es wird zu einem Wesen, das über Situationen nachdenken und sich anpassen kann und Kontakt zu uns sucht. Ich hoffe, dass unsere Aufführungen den Leuten zeigen, wie vielfältig und bereichernd das Verhältnis zum Pferd sein kann und dass sie dadurch auch wieder einen Kontakt zur Natur und einer gewissen Einfachheit finden. Denn dies ist meiner Meinung nach der einzige Weg, glücklich zu sein.

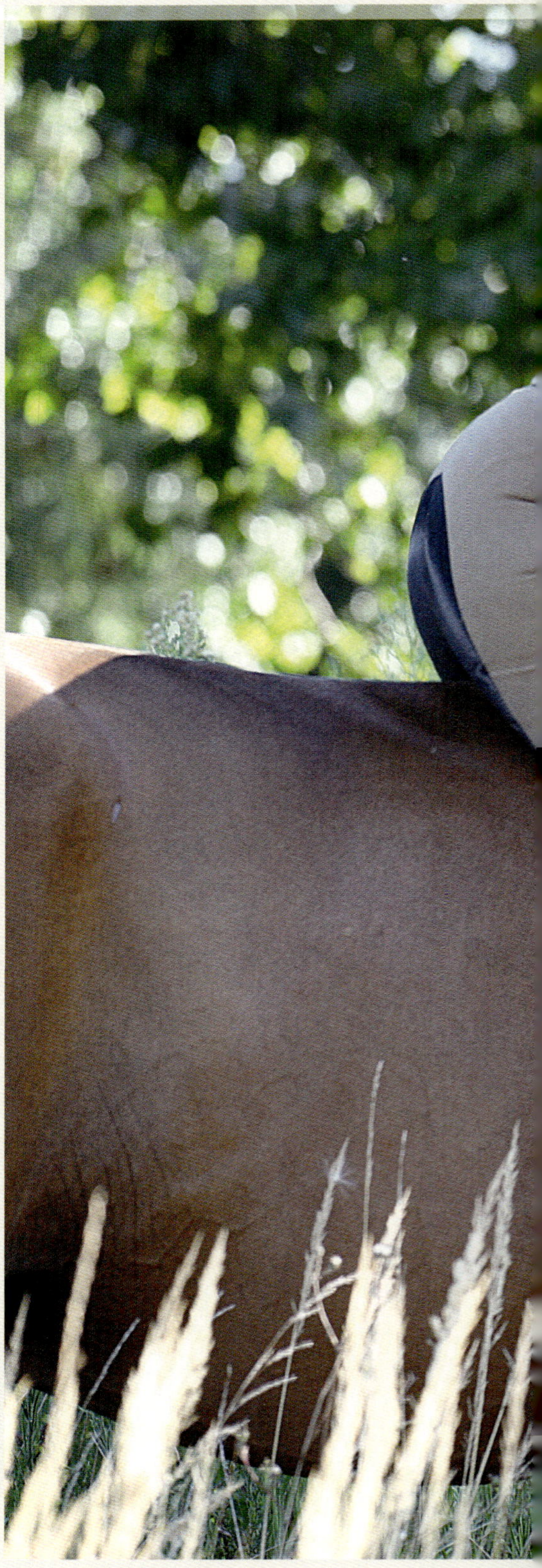

Agnès: *Was für eine Rolle spielt das Pferd in unserer heutigen Welt? Hat es eine Mission zu erfüllen?*

Frédéric: Ich glaube, dass die Welt aus positiven und negativen Energien besteht. Je mehr positive Energie man entwickelt und um sich sammelt, desto mehr kann sie auf die Welt und deren Zukunft einwirken. Das Pferd gibt dem Menschen ganz offensichtlich positive Energie. Das merken wir an uns selbst, und es zeigt sich auch im Kontakt mit Kindern, geistig behinderten oder kranken Menschen. Ich erinnere mich an eine alte Dame im Rollstuhl, die an ihrem Lebensende ihre Kinder darum bat, nochmals unsere Aufführung sehen zu dürfen, um «ihre Lebensfreude wiederzufinden». Wahrscheinlich spielt auch die ästhetische Seite dabei eine Rolle, aber sie reicht nicht aus, um dieses Phänomen zu erklären. Pferde erwecken in uns eine vibrierende Energie, eine Lebensfreude, eine Vitalität, die weit über seine eigene Kraft, Geschwindigkeit oder Schönheit hinausgeht. Das Pferd spricht in uns ganz wesentliche Dinge an, es ist in der Lage,

uns wieder neu zu energetisieren und uns und die Welt um uns herum zu «reharmonisieren».

Wenn zweitausend Personen diese positive Energie und Zärtlichkeit der Pferde spüren, die ruhig werden und auf uns zukommen, um gestreichelt zu werden, dann kann man von einem wunderbaren Resonanzkörper sprechen, der auf die Welt gerichtet ist.

Daraus kann eine enorme Kraft entstehen. Einzelne Personen haben uns gesagt, dass diese Erfahrung ihr Leben verändert hat. So weit muss man nicht gehen, doch ich bin davon überzeugt, dass das, was wir mit den Pferden zeigen, einigen Menschen helfen wird, die Tür für mehr Verständnis und Austausch in ihrem Leben zu öffnen. Sie können die Beziehung zu ihrem Pferd neu angehen und sie weniger geschult, lockerer und offener gestalten. Von da an werden sie auch andere Beziehungen und ihr Leben überhaupt mit neuen Augen sehen. So betrachtet, ist die Wirkung der Pferde auf uns Menschen immens. Wir tun unser Bestes, um dieses Werk zu realisieren.

Keyword: SINN

Ich fühle mich oft hin und her gerissen zwischen meinen natürlichen Empfindungen, meiner Intuition, den intensiven und unmittelbaren Emotionen und andererseits meinem Bedürfnis, Dinge zu hinterfragen. Ich habe oft überlegt, warum ich Pferdeaufführungen inszeniere und nicht an Turnieren teilnehme oder etwas völlig anderes, ohne Pferde, mache. Ich stellte mir oft die Frage, ob das, was ich tue, irgendwie nützlich ist und einen Sinn hat - für mich, die anderen und die Pferde.
Mit der Zeit ist mir bewusst geworden, dass eine Aufführung mit Pferden, über den Moment der Zerstreuung und der technischen Perfektion hinaus, dem Leben einen Sinn geben kann, sowohl demjenigen, der sie macht als auch demjenigen, der zuschaut. Heute kann ich sagen, dass ich zwei ganz grundlegende Bestrebungen verwirklicht habe: etwas gut zu machen und vor allem Gutes zu tun.
Ich liebe den Applaus. Dies machte mir früher etwas Sorgen, da ich befürchtete, eingebildet zu sein. Doch der Applaus ist für mich mehr als eine Form der Anerkennung, es ist ein Ausdruck von Enthusiasmus, eine geteilten Freude und eine energetische und emotionale Resonanz des Publikums. Deshalb bin ich der Meinung, dass Mag und ich weiterhin Auftritte geben sollten, in denen die Pferde diese wunderbare Lebensenergie zeigen und weitergeben können.
Es sind diese Augenblicke, die mich meine Arbeit weiter fortsetzen lassen. Dank ihnen fühle ich mich nützlich. Das Paradoxe ist: Wenn ich diese Form der Kommunikation erlangen will, um meinem Tun einen Sinn zu geben ... dann verschwindet die Magie, und es ist ein einziger Flopp. Ähnlich wie ein Maler, der ein Bild malt, muss man ganz und gar eins sein mit dem, was man tut und sich nicht fragen, ob es beispielsweise dem Publikum gefallen wird oder nicht. Die Kraft einer Aufführung gründet darin, ganz im Augenblick, in der Freude mit dem Pferd zu sein und sich nicht zu fragen, ob man das Publikum inspiriert oder ihm etwas über die Beziehung zum Pferd beibringt.
Um dem, was man macht, einen Sinn zu geben, muss man es leben und nicht wollen. In dieser Hinsicht sind Pferde ganz hervorragende Lehrmeister.

Frédéric Pignon

Keyword:

BEGABUNG

Mit dem Publikum ist es so wie mit den Pferden. Ich möchte ganz und gar für die Leute da sein. Ich muss meine Sorgen und mein alltägliches Leben, mein Ego und den Druck hinter mir lassen, um völlig präsent zu sein für die Momente, die wir miteinander teilen. Wenn ich mich nicht vollkommen öffne und preisgebe, nicht zu hundert Prozent da bin, gibt es keinen Austausch. Um etwas vom Publikum zu erhalten, muss man zunächst ganz viel von sich selbst geben. Wenn ich in eine Vorstellung all meine Energie und Leidenschaft investiere, erhalte ich im Austausch von den Leuten Freude, Lachen, auch Tränen, da die Personen ihr Herz öffnen, ihre harte Schale ablegen und mit uns kommunizieren.

Meine Aufgabe ist es, mit der Magie der Pferde die Gefühle des Publikums zu wecken, sodass jeder auf seine Art berührt und bewegt ist. Wenn uns dies gelingt, sind sowohl der Applaus als auch die Stille des Publikums ein großes Geschenk für uns.

In diesem Austausch besteht für mich der Sinn meines Lebens, und ich hoffe, dass ich unseren Zuschauern Lust machen kann, zu ihren Wurzeln und den einfachen Freuden des Lebens zurückzufinden. Vielleicht möchten sie barfuß durchs Gras laufen oder den Geruch ihres Pferdes tief einatmen. Ich wäre glücklich, ihnen auf meine Art und Weise dabei zu helfen, ihre Empfindungen und Gefühle wieder zu entdecken.

Magali Delgado

Jeder einzelne dieser prachtvollen Hengste stammt aus der Zucht der Familie Delgado, wurde dort geboren und ist liebevoll ausgebildet worden. Es gibt kaum eine andere Züchter-Familie, die eine solch erlesene Selektion an Pferden vorstellen kann; Pferde, die eine ganz besondere Ausstrahlung und Begabung haben. Und es gibt kaum eine Gruppe von Menschen, die wie ein Pferd denken, atmen, fühlen und leben kann. Sie sind im wahrsten Sinne des Wortes Pferdemenschen.

Von links nach rechts:
Estelle Delgado, die jüngere Schwester von Magali, die ebenfalls in den verschiedenen Shows auftritt, reitet Unico. Die Eltern Joëlle und Pierrot Delgado, die schon vor vielen Jahren gemeinsam Trickreiterei und Stunts vorgeführt haben, reiten Jao und Lyrico. Magali Delgado hat Galito unter sich und Frédéric Pignon Makao.

Brief an unsere Lieben!

Wer, wie wir, das Glück hat, in Familen hinein geboren zu werden, in der die Liebe zu den Menschen und die Liebe zu den Tieren eine so große Rolle spielt, bekommt den besten Start ins Leben.
Ihr, unsere Eltern, habt uns immer ermutigt, unseren eigenen Visionen und Träumen zu folgen, ohne wenn und aber, ohne Angst vor Niederlagen und Schwierigkeiten. Seit frühester Kindheit habt Ihr an uns geglaubt, ganz gleich ob Magali Wettkämpfe bestreiten oder ich mich als Künstler ausleben wollte, Ihr wart vorurteilslos. Das einzige, was Ihr Euch gewünscht habt, war, dass wir glücklich werden. Ohne die unglaubliche Energie und die Hingabe von Magalis Eltern an ihr Leben mit den Pferden, ohne die Aufgeschlossenheit und das Vertrauen von Frédérics Eltern wäre alles ganz anders gekommen.

Unser Dank gilt Euch, Pierrot und Joëlle Delgado, die Magali und ihrer Schwester Estelle die Fähigkeit mitgegben haben, sich für die Pferde und ihre Zucht zu begeistern, aber auch Spaß daran zu haben, bei Shows aufzutreten und sich im Wettkampf zu vergleichen. Ihr habt Euren Töchtern den respektvollen Umgang mit den Tieren vorgelebt, angefangen von der täglichen Pflege bis hin zu Joëlles Wissen um die Anwendung von Heilpflanzen gegen viele verschiedene Leiden. Doch Du Pierrot, hast als unser Vater immer den Erfolg Deiner Sprößlinge im Auge gehabt und unsere Ausbildung bis auf das Niveau der Hohen Schule weiter voran getrieben. Immer wenn Zweifel an uns zu nagen begannen und wir unseren Weg verlassen wollten, dann wart Ihr mit Eurer positiven Energie da, Eurer Überzeugungskraft und Eurem Glauben an uns. Und Ihr glaubt auch heute noch an Euch selbst, lasst Euch durch niemanden aufhalten, das zu leben, was Ihr für richtig haltet; dafür bewundern wir Euch jeden Tag.

Unser Dank gilt gleichermaßen auch Euch, Bernadette und André Pignon, die mir und meinen Brüdern zeigten, wie man eine andere Beziehung zu Tieren, insbesonders zu Pferden aufbaut. Damals sprach man nicht über Kommunikation mit Tieren, es ging um Technik und um den Erfolg, egal auf welche Weise er errungen wurde.
Ihr habt Euren Kindern gezeigt, dass man sich auf jedes einzelne Pferd einlassen muss, es studieren muss, sowohl allein und im Verband der Herde. Ihr habt sie uns als wundervolle, gleichberechtigete Lebewesen erkennen lassen und seid ihnen mit höchster Wertschätzung begegnet. Schon in frühester Jugend wurde damit der Keim für eine andere Umgehensweise mit ihnen in uns gepflanzt, der uns den Weg zu einer neuen Art der Kommunikation ermöglichte und bis heute unsere Arbeit durchdringt und viel zum Erfolg beigetragen hat.

Magali und Frédéric

Drei Isabellen, drei Hengste, der gleiche Vater Zagalote aus der Zucht Delgado.

Alle im Einklang mit ihren Reitern, die wiederum alle drei untereinander verbunden zu sein scheinen. Frédéric auf Nacarado, Magali auf ihrem geliebten Mandarin und Estelle mit Malicio.

Die drei Phasen des Galopps mit drei verschiedenen Pferden in einem Bild.

Der Hengst Nacarado ist auch im Kapitel 5 zusammen mit dem Hengst Grazil und Frédéric in der Freiheitsdressur zu sehen.

LINDA TELLINGTON-JONES

ÜBER …

Schon als Kind war ich auf der Suche nach dieser besonderen Beziehung zwischen Mensch und Pferd. Mich interessierten die Methoden, die von Herzen kommen und die das Verständnis für einander auf der Seelenebene widerspiegeln. Heute bezeichne ich es als PIC – Profound Interspecies Connections –, was man mit „tiefe Verbindung zwischen verschiedenen Spezies" übersetzen könnte. Damals wusste ich nicht, wonach ich suchte, doch es schien mir nicht sehr effektiv, mit Dominanz und Wiederholung zu arbeiten und die Tiere zu desensibilisieren. Traurigerweise sind das heute noch die gängigen Methoden.

Meine Vision war eine andere: sich über das Herz mit dem Pferd zu verbinden und ein Verhältnis aufzubauen, in dem das Tier genau so viel Freude an dem Miteinander entwickelt wie der Mensch.

Es ist ein wunderbares Geschenk vom lieben Gott, dass er mir zwei Menschen geschickt hat, die genau diese Vision leben und mit ihren Pferden verwirklichen. Magali Delgado und Frédéric Pignon sind nicht nur wundervolle Freunde geworden, sondern auch Vorbilder für eine gelebte „Profound Interspecies Connection".
Auf der weltgrössten Pferdemesse „Equitana" in Essen sah ich Frédéric zum ersten Mal und wusste sofort, dass ich ihn ansprechen musste. Er zeigte während der „Hop Top Show" eine Freiheitsdressur der besonderen Art.
So etwas hatte ich noch nie gesehen: Die geballte Energie von vier Schimmelhengsten explodierte förmlich in der Showarena, sie rasten durcheinander, sprangen in die Luft und spielten miteinander, um dann ganz friedlich zu Frédéric zurück zu kommen, ihren Kopf auf seine Schulter zu legen und sich auf die gemeinsame Arbeit einzulassen. Niemals zuvor habe ich Hengste gesehen, die sich so frei fühlten und trotzdem mit ihrem Menschen arbeiten wollten. Meistens werden die Tiere mit Ausbindern geknebelt und müssen sogar einen Maulkorb tragen, damit sie andere Hengste nicht beissen.

Doch bei Frédéric ist alles anders, die Hengste geniessen jede Minute ihrer Vorstellung. Es geht ein Strahlen von dem Mann aus, das nicht nur die Pferde erfasst, sondern jeden einzelnen Menschen im Publikum. Seine Freude und seine magische Verbindung zu den Pferden sind so greifbar, als wären sie Eins.

SAuch Magali Delgado, seine Frau, spiegelt dieses besondere Gefühl des „Ganz-mit-dem-Pferd-sein" wider. Sie präsentierte ihren Hengst Dao, ohne Sattel, nur mit einem Band um den Hals, leicht wie eine Feder in den schwierigsten Dressurlektionen, die sie zuvor schon im Grand Prix gezeigt und ihn gewonnen hatte. Ihr Ritt war von Leichtigkeit und Freude erfüllt, so wie man es in der Literatur über die klassische Dressur gerne liest, doch wie es fast nie gezeigt wird. Ich war gefesselt vom Anblick der Beiden, konnte meine Augen nicht abwenden, und mein Herz begann freudig zu summen.

Als ich Frédéric und Magali dann zwischen den Vorstellungen aufsuchte, hatte ich keine Ahnung, ob die Beiden an meiner Tellington TTouch Methode interessiert wären. Doch ich war mir sicher, dass sie damit ihren Pferden helfen könnten, möglichen Stress abzubauen, der doch bei den Reisen und in fremden Stallungen immer wieder auftritt. Wie der „Zufall" es wollte, waren sie ebenfalls daran interessiert mich kennen zu lernen. Diese erste Begegnung war der Anfang einer tiefen Freundschaft, die immer wieder gestärkt wurde durch den Austausch neuer Ideen und gegenseitiger Inspiration. Als ich während der US-Tournee von Cavalia Frédéric anbot seinen Hengst Fasto zu behandeln, der unter dem Stress vieler Vorstellungen zu leiden schien, war er sofort einverstanden und wir gingen zusammen zu seiner Box. Auch heute noch lachen wir über Frédérics damalige Reaktion, als ich ihn bat dem Hengst ein Halfter aufzuziehen, damit ich an seinen Ohren arbeiten könne. Frédéric dachte: „Das geht nicht gut! Fasto mag es überhaupt nicht, wenn man an seine Ohren kommt und ganz bestimmt lässt er sich nicht von einer kleinen Frau, die er nicht kennt, da berühren."

Aber es passierte das, was die Regel ist, wenn ich mit einem Pferd arbeite: Innerhalb einiger Minuten stand der Schimmel ganz still, senkte seinen Kopf und erlaubte mir eine Hand auf seine Nase zu legen und mit der anderen Hand seine Ohren von der Wurzel bis zur Ohrenspitze auszustreichen. Dies ist die beste Art und Weise ein Pferd in kürzester Zeit zu entspannen, wieder zum Fressen zu animieren oder auch für eine gute Show vorzubereiten.

Dieser Tag war der Beginn einer tiefen Freundschaft mit Frédéric und Magali und ihren Pferden, die bis heute ein wichtiger Teil meines Lebens ist. Wenn mein Mann Roland und ich es irgendwie einrichten können und etwas ausspannen müssen oder einfach etwas Energie und Inspiration brauchen, dann besuchen wir Frédéric und Magali in Südfrankreich. Manchmal treffen wir uns auch auf einer Pferdeshow und freuen uns einfach, uns zu sehen.

Frédéric sagt, ich wäre wie eine „Feenmutter" für ihn, denn ich würde jedes Mal genau zu dem Zeitpunkt erscheinen, wenn er mich am dringensten braucht. So trafen wir uns auch in San Franzisco, als er mit Cavalia dort gastierte und eine spektakuläre Show präsentierte. Es ergab sich die Gelegenheit, den Reitern der ganzen Truppe und auch den Stallhelfern eine Demonstration des TTouch zu geben, was wiederum allen Pferden zu Gute kam.

Im folgenden Jahr trafen wir uns in Dallas, Texas. Dort begann Frédéric den Mouth TTouch einzusetzen, wenn er seine Hengste beruhigen wollte. Der jüngere Friesenhengst Phebus fühlte sich etwas eingeschüchtert von dem dominanten Hengst Paulus. Frédéric behielt ihn im Rampenlicht bei sich und ließ Phebus ihn beobachten, weil dieser aus Angst sonst angefangen hätte, den anderen zu beißen.
Ich habe den Maul TTouch über viele Jahre hinweg unglaublich vielen Leuten immer wieder gezeigt, aber ich bezweifle, dass irgendjemand anders als Frédéric so schnell begriffen hat, was diese Berührung bei den Pferden bewirken kann. Mit dem TTouch um das Maul herum aktiviert man das emotionale Zentrum im Gehirn – das lymphatische System. Der Drang zu Beißen wird durch Ängstlichkeit und Stress hervor gerufen. Wenn man eine entspannte Aufmerksamkeit erzeugt, durch diese sanfte Bewegungen der Nüstern und Unterlippe, kann man Stress reduzieren. Ich habe Frédéric gezeigt, wie man mit den Fingern der Hand rund um die Muskulatur des Mauls einige einfache Kreise macht. Frédéric entdeckte sofort, dass er das Pferd ins Rampenlicht bringen konnte, dort ein paar Sekunden einige kleine Kreise am Maul ausführen und damit das Beißen zum anderen Hengst verhindern konnte. Seit dieser Zeit ist der Nüstern-TTouch ein fester Bestandteil seiner Trainingsmethode. Er hat diesen TTouch so perfektioniert und ihm solche Nuancen hinzu gefügt, dass ich ihn seitdem den „Fred-TTouch“ nenne.

In einem Interview auf der Equitana in Essen im März 2013 erzählte Magali die Geschichte, wie sie den TTouch dazu benutzt, die Hengste vor der Aufführung hinter dem Vorhang ruhig zu halten. Als sie den TTouch noch nicht benutzte, war es immer aufregend, denn die Hengste wussten, dass sie als nächstes im vollen Galopp in das Scheinwerferlicht donnern würden. Sie entdeckte, wie einfach es war, die Hengste mit dem TTouch ruhig zu halten, aber sie musste vorsichtig sein, denn manchmal waren sie so entspannt, dass sie ihren Auftritt vergaßen ...

Bei meinem allerersten Besuch im Trainingszentrum von Magali und Frédéric in Avignon war mein Mann Roland dabei und wir waren mit unserer Freundin Gabriele Boiselle unterwegs. Damals hatte ich die Freude, zum ersten Mal mit Grazil zu arbeiten. Als wir durch die Stallungen schlenderten und allen Pferden vorgestellt wurden, bekam ich ganz besondere Messages von einem jungen Hengst, der gerade erst angekommen war und sich noch fremd fühlte. Ich fragte Frédéric, ob ich ein wenig mehr Zeit mit dem Pferd verbringen könnte, er interessierte mich. Da wusste ich aber nicht, dass Frédéric bisher sehr wenig mit ihm getan und ihn auch nicht zu Veranstaltungen mit genommen hatte, weil dem Hengst noch das Vertrauen zum Menschen fehlte. Ich betrat den Stall ganz still, bis Grazil sich langsam zu mir umdrehte. Ohne ihm auch nur ein Halfter aufzuziehen, begann ich mit ganz sanften TTouches – erst auf seiner Schulter, dann auf seinem Rücken und seine Hinterbeine abwärts. Er stand absolut still und schien zu lauschen. Dann erst berührte ich seinen Kopf, und bis ich fertig war konnte ich jeden Zentimeter seines Gesichtes berühren. Dies nennen wir TTouches des Vertrauens; und zum Schluss konnte ich sogar seinen ganzen Kopf kraulen und dabei meinen Arm hinter seine Ohren legen. In diesem Moment kam Gabriele leise in den Stall mit ihrer „Magic Camera" und hielt einen der wundervollsten und intensivsten Moment fest, den ich je mit einem Pferd erlebt habe.

Bei einem anderen Besuch feierten wir alle zusammen die Publikation des ersten Buches von Frédéric und Magali „Galopp to Freedom", das gerade in English erschienen war. In unserer kleinen Gruppe mit Roland und Gabriele, den Hunden und einem Hengst, der friedlich graste, als die Sektkorken knallten, hatten wir Spaß und freuten uns. Bei dieser Gelegenheit konnte ich eine Episode beobachten, die mich sehr beeindruckt hat, als Frédéric nur durch Energieübertragung einen Hengst beeinflusste: Jeden Tag grasen die Hengste auf ihren Paddocks, die nur mit einem kleinen Elektrozaun von einander getrennt sind. Als wir gerade um den grossen Tisch im Garten sitzen und auf den Erfolg des Buches anstossen, hören wir einen Hengst schrill wiehern, der offensichtlich seinen Nachbarn herausfordert, Magalis Hengst Mandarin. Beide Hengste galoppierten aggressiv an der dünnen Elektrolitze entlang, und es war nur ein Frage von Sekunden, bis einer der beiden sie zertrampelt hatte. Wir konnten gar nicht so schnell schauen, da war Frédéric schon aufgesprungen und hechtete zwischen die Hengste. Er blockierte für Mandarin den Durchlass und schützte den jüngeren Hengst. Doch was da zwischen Pferd und Mensch passierte, lässt sich kaum beschreiben: Es schien, als wäre die Elektrizität des Zauns in Frédéric gefahren. Ich wünschte ich hätte Worte, um es besser zu beschreiben, doch er schnitt, in gebückter Raubtierhaltung und totaler Konzentration, jede Bewegung des Hengstes ab und fixiert ihn mit seinem Blick. Frédérics Körper spiegelte den Hengst wieder, fing seine agressive Energie mit seinem Körper auf und stellte eine Verbindung her, aber ohne ihn zu berühren. Innerhalb weniger Minuten war Mandarin total auf Frédéric konzentriert, zitterte zwar noch vor Aufregung und Testosteronstößen, doch Frédéric konnte zu ihm hingehen und ihm einen Strick anlegen. Ohne seine Stimme zu heben, lobte er das Pferd, das ohne zu steigen oder zu toben neben ihm her ging, total unter Frédérics emotionaler Kontrolle. Es war die beeindruckendste Demonstration einer non-verbalen Kommunikation und tiefer energetischer Verbindung, die ich jemals erlebt habe.

Schon etliche Male hatte ich mit Frédéric und Magali darüber gesprochen, ein gemeinsames Seminar zu geben und die Tellington Methode zu kombinieren mit der Pignon/Delgado Magie. In 2012 war es so weit. Für zwei Tage hatten rund 100 Pferdeleute, die aus fünf verschiedenen Ländern kamen, die Möglichkeit uns alle Drei zusammen zu erleben. Zwei Mal am Tag gab Frédéric acht Reitern Unterricht, die mit seinen Hengsten arbeiten durften. Dabei geht es um den spanischen Schritt, Versammlung vom Boden aus. Magali gab zeitgleich Reitstunden in der Outdoor Arena. Ich hatte vier Pferde angenommen, mit denen ich so arbeitete, dass die Zuschauer leicht begreifen konnten, wie man die TTouches anwendet. So konnte jeder etwas an Erfahrung für sein eigenes Pferd mit nach Hause nehmen.

Was mich an diesem Wochenende so beeindruckte, war, zu sehen, dass Frédéric über Stunden hinweg mit einer unglaublichen Ruhe und Klarheit arbeitete, es war wirklich einzigartig. Ich habe ihn damals nicht darum gebeten zu beschreiben, was er tut, aber ich glaube, es zu ahnen: Er stellt sich vor, wie es aussehen wird, wenn das Pferd ihn versteht und anfängt das zu tun, was es aus seinen Fähigkeiten heraus tun kann. Vor seinem inneren Auge ist jedes Pferd perfekt, und Frédéric sieht dieses Bild kristallklar vor sich. Seine Arbeit basiert auf Respekt, aus dem Herzen geboren. Und die Pferde spüren seine unkonditionierte Liebe und geben ihm ihr Vertrauen.

Normalerweise versuche ich das Wort Liebe im Zusammenhang mit der Ausbildung von Pferden zu vermeiden, weil es leider zu oft missverstanden wird. Da jedoch Frédéric auch am Ende des Seminars seinen Zuhörern erklärte, dass eine erfolgreiche Arbeit mit Pferden nur durch das Gefühl der Liebe möglich wird, kann ich mich hier nur anschließen.
Wenn Sie ein Problem mit dem Wort Liebe haben, dann ersetzen Sie es doch einfach durch „Wertschätzung". Dieses Wort trägt in sich den gleichen emotionalen Effekt auf der Ebene der Herz-Koherenz. Wenn Sie sich auf diesem Energie- und Emotionsniveau befinden, dann fühlen sich die Pferde auf ganz natürliche Weise von Ihnen angezogen.

In dem Moment, in dem ich diesen Satz schreibe, ertappe ich mich dabei, wie ich lächle, wenn ich daran denke, dass Magali eben dieses Gefühl auch an ihre Pferde und an ihre Studenten weiter gibt.
Immer wenn ich an Magali und Frédéric denke, kommt ein Lächeln zurück und mit ihm das Wort „Liebe". Die Liebe, die sie für einander empfinden, für ihren aussergewöhnlichen Sohn Noah, für ihre Familie, für die Pferde, ihre Freunde, für das Leben und für alle Menschen und Lebewesen, denen sie begegnen.

Sie sind wunderbar im Umgang mit ihren Pferden, doch was sie noch mehr auszeichnet ist ihr großes offenes Herz und die tiefe Dankbarkeit für das Leben. Sie haben beide schon dem Tod ins Angesicht geblickt und sich dafür entschieden das Leben noch mehr zu lieben und diese Liebe mit den Menschen und Tieren zu teilen. Das ist ein grosses Geschenk an alle und für alle, die mit ihnen arbeiten, leben oder einfach nur ihre Gegenwart teilen oder ihre Auftritte geniessen dürfen.

Linda Tellington-Jones

ISABELLA SONNTAG

Lieber Pferdefreund, lieber Freund der Philosophie von Wu Wei

Jeder Mensch mag seine bewussten oder unbewussten Gründe haben, weshalb er sich mit Pferden haupt-, nebenberuflich oder in seiner Freizeit beschäftigt – doch abgesehen von all diesen individuellen Gründen, sind Pferde meinem Empfinden nach von Gott geschaffen, um uns in eine andere Dimension des bewussten Seins auf Erden zu begleiten.

Sind Sie für diesen Schritt bereit? Offensichtlich „ja" – sonst hätten Sie gar nicht zu diesem Buch gegriffen – oder klingt meine Aussage in Ihren Ohren doch zu esoterisch?
Ich persönlich verstehe mich beruflich nicht als Verlegerin von Pferdeliteratur sondern in erster Linie als Bewahrer von Werten. Und gleichzeitig als jemand, der die „Wahrheit" ans Licht bringt. Zweifellos ist fast allen Leuten, die mit dem „Thema" Pferd ihr Geld verdienen, gemein, dass sie

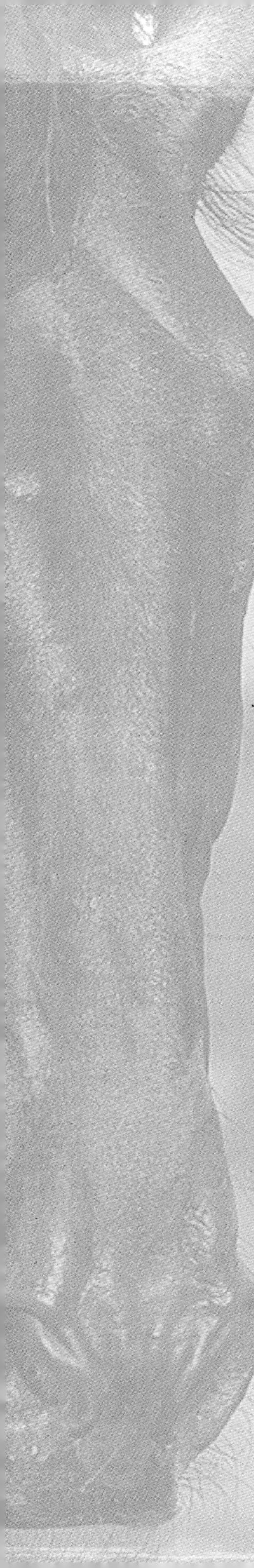

irgendwann in der Jugend von Pferden magisch angezogen wurden. Es entscheidet sich dann während oder kurz nach der Pubertät, ob man dem Virus „Pferd" weiterhin erliegt. Tja und erliegt man ihm, dann gibt es zwei Wege, die sich eröffnen – entweder der Mensch erkennt, dass das Pferd, so wie es ist, perfekt (!) ist – und es nichts auszubilden gibt – es nur gilt, seine Natur zu verstehen und es vor allem gilt, zu verstehen, je mehr man sich sich selbst annähert, desto mehr nähert man sich der Natur des Pferdes an. Das Einzige, was man demzufolge ausbilden darf, ist sich selbst!
Dann gibt es alternativ den Weg, dass man unbewusst all seine unbalancierten Wesensanteile über das Pferd kompensiert; sich also nicht die Mühe macht, zu sich selbst zu finden. Das Pferd stellt sich fatalerweise für unsere Ent-wicklung zur Verfügung wie kein anderes Lebewesen. Auf diesem zweiten Weg kommt das Gefühl für das Wesen des Pferdes abhanden, man entfernt sich somit von dem Eins-Sein mit der Natur und diese Menschen bevorzugen es, sich auf Turnieren zu messen. Sie möchten strahlen, glänzen, besser sein – als andere. Sie brauchen Richter, die meist noch mit dem falschen Maß messen. Doch der wahre Richter ist immer das Pferd selbst.

Alles also eine Frage des Bewusst-seins. Wenn Sie sich und Ihr Pferd unterrichtet wissen wollen, dann bitte möglichst durch eine wirklich gereifte Persönlichkeit. Befindet sich der Ausbilder in seiner eigenen Mitte - einem Buddha gleich - in der Balance – dann kann es Sinn machen, sich von diesem Menschen, unterrichten zu lassen. Und das Resultat einer solchen Ausbildung eröffnet den Weg dazu, sich selbst näher kennen zu lernen, sich selbst näher zu kommen, sich selbst vielleicht erstmals zu spüren und erst dann ist der Kanal frei, um sich auf das Wesen des Pferdes einzulassen. Und wer das Wesen des Pferdes in all seiner Güte gespürt hat, möchte nicht mehr an Turniererfolgen arbeiten, weil ihm das nicht mehr passend erscheint, weil er nach Höherem strebt, nach der wahren Begegnung mit sich selbst. Jedes Kräfte-Messen würde das eher verhindern. Das Tor zur Ewigkeit wäre geradezu verriegelt.

Ein Pferd dient dem Menschen, dazu wurde es vom Schöpfer geschaffen, lassen Sie es uns nehmen als das, was es ist: ein edles Tier, das uns die Möglichkeit gibt, in einen Spiegel zu blicken und alle Emotionen, die uns ausmachen auf einmal zu spüren. Bist du ein ängstlicher Mensch, zeigt dir das Pferd DEINE Angst, bist du ein mutiger Mensch, kann das Pferd dir viele Wege eröffnen, deinen Mut unter Beweis zu stellen. Bist du ein … egal was du bist – das Pferd macht es dir bewusst und lädt dich ein, in die tiefsten Tiefen deiner selbst abzutauchen und daraus kraftvoll ein erweitertes Bewusstsein wahrzunehmen …

Meine Reise durch die Welt der Ausbilder von Pferd und Mensch ließ mich eine Schatztruhe öffnen: dies war keine Kiste mit 1000 Tricks und Techniken, um andere zu besiegen und an Wichtigkeit zu gewinnen – vielmehr entdeckte ich „das berührt werden"; und mich berühren Pferde und authentische Menschen.

Frédéric Pignon lernte ich 2010 persönlich kennen und verbrachte einen ganzen Tag mit ihm und seinen Pferden in Frankreich. Die Wirkung auf mich war unvergesslich. Nichts, was dieser Mann tat, sah nach Technik aus. Und obwohl seine Hilfengebung manches Mal auch energisch war, wirkten die Pferde NIE unterdrückt. Es fühlte sich mehr so an, als würde er mit Energien jonglieren… Auch seine Frau Magali ist zauberhaft im Umgang mit den Tieren – wie sonst könnten die Beiden Respekt und Liebe verkörpern. Ich hatte mir bis dahin schon viele andere Ausbilder angesehen, solche die es wirklich waren und solche die sich einfach nach irgendeinem System so nannten, und dabei stellte ich etwas Spannendes fest: wenn ich nichts fühlte, von dem was zwischen dem Ausbilder und dem Pferd stattfand, dann konnte die perfekteste Piaffe, das perfekteste Kompliment, nicht darüber hinweg täuschen, dass das Pferd mit all seinem Wesen nur benutzt wurde für das eigene Ego. Wenn ich aber diesen Energieaustausch wahrnehmen konnte – immer dann – war es kein Benutzen sondern ein Dienen des Pferdes auf dem Weg zur Erkenntnis, zur Entwicklung des Reiters und immer dann fühlte es sich gut an… Immer dann wird nicht das Pferd ausgebildet sondern der Mensch, der es zulässt – immer dann fließt Energie – immer dann spürt man LICHT im Raum, immer dann vergisst man Zeit und Raum – immer dann ist es LIEBE.

Menschen, die ich heutzutage an meine Pferde lasse, müssen mich berühren. Menschen, mit denen ich Seminare veranstalte, müssen ein wenig von diesem Zauber verbreiten.

Mit dem vorliegenden Buch bin ich persönlich bei allem angekommen, was ich in diesem Leben über das Wesen und die Bestimmung der Pferde wissen wollte. Sollten Sie, verehrter Leser, ähnliche Menschen wie Frédéric Pignon und Magali Delgado kennen, die über das Medium Pferd eine andere Dimension des Lebens beschreiten, bin ich über einen Kontakt sehr dankbar. Ich möchte gerne, solange ich lebe, von Pferdeleuten lernen, die den Himmel auf dem Pferderücken schon berührt haben.

Isabella Sonntag

Eine Nacht bevor mir das Pferd Zingaro leibhaftig in Portugal im Stall von Manuel Jorge de Oliveira im Jahre 2010 begegnete, erschien er mir im Traum - sein Name war Zigeuner und er sagte zu mir, dass er mich beschützen werde.

Ich wollte zu diesem Zeitpunkt kein Pferd kaufen - aber es gab bei dieser Geschichte nicht den Hauch einer Frage. Pferde suchen Dich immer aus, mit ihnen darfst Du Dich weiter entwickeln, wenn du das Geschenk, das sie dir machen, öffnen möchtest. Es ist nicht immer nur „leicht" - aber es ist am Ende immer ein sehr großer Schritt damit verbunden, der deinen Horizont unermesslich erweitert. Deshalb sei offen für die Botschaft Deines Pferdes, es hat Dir so vieles zu berichten. Es ist der Botschafter zwischen den Welten.

WEITERE BÜCHER AUS DEM WU WEI VERLAG

WILKOMMEN BEI WU WEI

Der Wu Wei Verlag legt größten Wert auf absolut authentische Autoren, die sich in ihrem Fachgebiet durch überdurchschnittliches Wissen auszeichnen.

Der Verlagsname „Wu Wei" stammt ursprünglich von dem chinesischen Philosophen Laotse. Er steht für die Kunst des „Weglassens".

Das taoistische Prinzip Wu Wei bedeutet, durch „Nichttun" zum „Tun" zu gelangen – ohne unnützen Eifer, falschen Ehrgeiz und eigenwillige Absichten.

Isabella Sonntag

DER HAUCH VON EWIGKEIT

Reiten als Weg in eine andere Dimension

Manuel Jorge Martins de Oliveira

160 Seiten, 27 x 22 cm,

Hardcover

ISBN 978-3-930953-85-1

Preis: 29,95 Euro

Auch als Hörbuch erhältlich:

ISBN 978-3-930953-99-8

Preis: 24,80 Euro

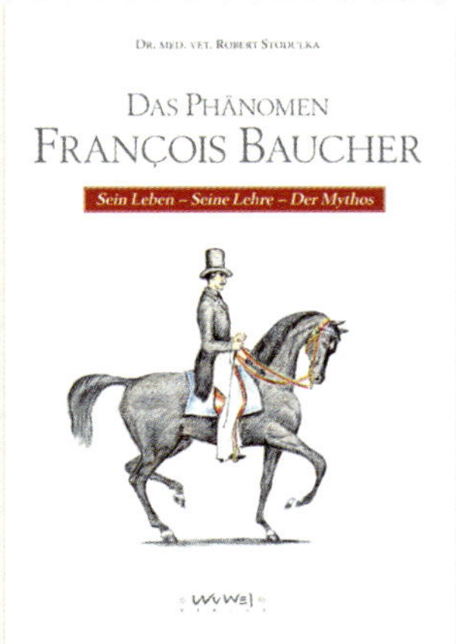

DAS PHÄNOMEN FRANÇOIS BAUCHER

Sein Leben – Seine Lehre – Der Mythos

Dr. med. vet. Robert Stodulka

336 Seiten, 24 x 18 cm,

Hardcover

ISBN 978-3-930953-52-3

Preis: 48,00 Euro

LUSITANO

Beatrice Bulteau

160 Seiten, 34 x 24 cm,

Hardcover

ISBN 978-3-930953-86-8

Preis: 48,00 Euro

WEITERE BÜCHER AUS DEM WU WEI VERLAG

HIS WAY OF LIFE

Ein Appell an das Gewissen der Reiter!
Jean-Claude Dysli
200 Seiten, 26 x 21 cm,
Hardcover

ISBN 978-3-930953-80-6

Preis: 29,95 Euro

PROFESSIONELLE AUSBILDUNG AM BODEN ...

für jedes Alter, für jede Rasse
Alfonso Aguilar
200 Seiten, 21 x 26 cm,
Hardcover

ISBN 978-3-930953-81-3

Preis: 34,90 Euro

PFERDE SIND DIE BESSEREN MENSCHEN

oder: Das ganze Leben ist ein Zirkus
Peter Deicke und Petra Herrmann
109 Seiten, 24 x 17 cm,
Hardcover

ISBN 978-3-930953-87-5

Preis: 19,95 Euro

AM LANGEN ZÜGEL

Die Krönung der Ausbildung
Daskia Gunzer und Nicole Künzel
200 Seiten, 26 x 21 cm,
Hardcover

ISBN 978-3-930953-69-1

Preis: 28,80 Euro

BEI MIR HABEN DIE PFERDE ETWAS ZU SAGEN

David de Wispelaere
119 Seiten, 24 x 22 cm,
Hardcover

ISBN 978-3-930953-91-2

Preis: 29,95 Euro

DIE MAGIE DER FREIHEIT

Mein Weg zu einer sanften Pferdeausbildung
Audrey Hasta Luego
134 Seiten, 27 x 23 cm,
Hardcover

ISBN 978-3-930953-92-9

Preis: 29,95 Euro

IMPRESSUM

Deutsche Nationalbibliothek – CIP-Einheitsaufnahme
Die Deutsche Nationalbibliothek verzeichnet diese Publikation in der Deutschen Nationalbibliografie; detaillierte bibliografische Daten sind im Internet über http://dnb.ddb.de abrufbar.

ISBN 978-3-930953-90-5

Herausgeber: Isabella Sonntag | www.wu-wei-verlag.com
Text: Agnés Galletier
Übersetzung aus dem Französischem: Martina Van Den Esch
Gestaltung und Satz: R2 | www.ravenstein2.de
Fotos: Gabriele Boiselle | www.editionboiselle.de
Lithografie: Memminger MedienCentrum | www.mm-mediencentrum.de
Druck: Finidr, s.r.o., Czech republic